U0324490

西北大学“双一流”建设项目资助
Sponsored by First-class Universities and Academic
Programs of Northwest University

化工专业实验指导

HUAGONG ZHUANYE SHIYAN ZHIDAO

主　编　吴　乐　时孟琪

西北大学出版社

·西安·

图书在版编目（CIP）数据

化工专业实验指导 / 吴乐, 时孟琪主编. -- 西安 : 西北大学出版社, 2025. 1. -- ISBN 978-7-5604-5500-6

Ⅰ. TQ016

中国国家版本馆CIP数据核字第2024QT9051号

化 工 专 业 实 验 指 导

HUAGONG ZHUANYE SHIYAN ZHIDAO

主　　编　**吴　乐　时孟琪**
出版发行　西北大学出版社
地　　址　西安市太白北路229号
邮　　编　710069
电　　话　029-88303059
经　　销　全国新华书店
印　　装　西安博睿印刷有限公司
开　　本　787毫米×1092毫米　1/16
印　　张　10.75
字　　数　128千字
版　　次　2025年1月第1版　2025年1月第1次印刷
书　　号　ISBN 978-7-5604-5500-6
定　　价　30.00元

编 委 会

主　编　吴　乐　时孟琪

参　编　陈立宇　刘恩周　陈汇勇　于秋硕

姚瑞清　管玉雷　赵彬侠　赵帅南

韩小龙　王玉琪

前　言

在新时代加快建设教育强国的大背景下，教育部积极推动“新工科”建设，旨在培养具有创新能力和实践能力的复合型工程人才。化工专业实验作为重要的实践环节，不仅加深学生对化工原理、化学反应工程和化工热力学等课程基础知识的理解，还培养学生在实验设计、工程创新和团队协作方面的能力，为学生成为高素质复合型工程人才奠定坚实基础。

《化工专业实验指导》(2024 版)是由西北大学化工学院化工专业实验教学团队所编《化工专业实验指导》(2020 版)改编而成，在原版教材基础上借鉴其他兄弟院校实验指导教材精华，重新梳理教材内容，力求新版教材内容清晰、结构合理、表达简洁，进一步提升新版教材的实用性和可读性。本教材主要分为三章，包含化工专业实验概论、化工专业实验和化工综合实验等，可作为化工及相关专业的实验教材和参考书。

第一章是化工专业实验概论。通过本章的学习，学生将了解化工专业实验的目的与内容，掌握实验室相关守则、安全制度以及突发事故的应急处理办法，为后续实验的顺利进行奠定基础。

第二章是化工专业实验，内容包括正己烷-正庚烷二元气液平衡数据测定实验、多釜串联混合性能测定实验、乙苯脱氢制苯乙烯实验、乙醇脱水流化床实验、乙醇溶液恒沸精馏制备无水乙醇实验、冷却塔性能测定实验、比表面积及孔径分布测定实验以及免洗洗手液制备实验。

第三章是化工综合实验，内容包括 VOCs 催化氧化性能测定实验、分子筛催化剂活化与成型实验、分子筛催化剂酸活性测定实验、渗透汽化脱醇膜制备及性能评价实验、分子筛催化剂制备及催化聚甲氧基二甲醚合成实验、光催化剂制备及分解水产氢性能测定实验。

《化工专业实验指导》旨在帮助化工专业学生系统、全面地掌握实验操作技能，理解实验原理，并通过实验实践提高学生的综合运用能力，是化工专业学生实践教学的重要辅助教材。

本书在编写过程中难免存在不足之处，欢迎广大读者和同行批评指正。

编者

2024 年 9 月

目　录

第一章　化工专业实验概论

1.1　化工专业实验的目的及内容

本课程的主要教学目标是通过课程训练和实验报告撰写，使学生具备以下能力：

(1)了解化工实验设备，规范化工设备使用，掌握化工实验的基本原理和操作方法。

(2)加深对专业知识的理解和掌握，具有初步分析和解决复杂化学工程问题的能力。

(3)一定的数据处理能力，能够观察、分析、解释和解决实验中出现的问题，确保实验结论的合理性和有效性。

(4)了解化工开发过程，通过实验实现从理论到实践的转变，体会开发过程中的实验设计、数据收集、结果分析等环节。

(5)合理设计和实施实验方案的能力，建立正确的实验研究方法和科学思维，逐步树立工程思维意识，增强创新能力。

(6)团队合作精神，在团队中合理分工协作，完成团队任务。

化工专业实验包括专业实验和综合实验两部分。所有实验均围绕化工专业核心课程化工原理、化工热力学、化学反应工程、化工工艺学、化工分离过程、化工传递过程和工业催化的教学内容进行，以加深学生对课程的认识和理解。部分实验结合专业特色和学科发展方向开设，在实验设计、实验内容和分析检测等方面进行了一定的延伸和拓展，以使学生具备一定的实验设计和综合分析能力。

1.2　实验室守则

(1)实验室是教学实验的场所,实验者应爱护实验室内的实验设备,保持实验设备的完好。

(2)实验者在使用实验设备前应检查实验设备是否完好,使用后应将实验设备恢复原状。

(3)实验者应遵守实验设备的使用方法和步骤,不得违反实验设备的使用规则。

(4)实验室内不得打闹嬉戏,不得带入食物、饮料。

(5)实验中出现问题和意外时,应及时报告指导教师和实验室负责人员,以保证实验教学工作正常进行。

(6)实验结束后,应将实验设备恢复原状,关闭水、电、气,清理实验台及周边,经指导教师同意后方可离开实验室。

1.3　实验室安全制度

(1)实验者应高度重视安全问题,须定期检查实验室安全设施,测试实验室安全设备,消除安全隐患。

(2)专业实验室配备的消防器材应放置于规定位置,并附有明显标识。

(3)实验者应掌握灭火设备的使用方法,发现安全隐患应及时报告、处置,发生火灾等时应及时报警、主动扑救。

(4)日常应注意检查实验室的门、窗、水、电、气是否正常,停水停电时须及时关闭水源、切断电源。

(5)实验开始前,应检查水、电、气是否正常。实验结束后,应检查水、电、气是否关闭。

(6)对于违反上述规定的实验者,要给予批评教育。造成事故者,要按照学院有关规定给予处理。

1.4　实验室突发事故应急处理办法

1.4.1　火灾

(1)发现火情,确定火势大小和火源位置,立即采取处理措施防止火势蔓延,并迅速报告。

(2)判断火灾原因,明确救灾方法,采取相应扑救措施。

(3)视火情的现状,做好现场人员紧急疏散,拨打"119"报警,并到明显位置导引消防车。

1.4.2　爆炸

(1)发生爆炸时,指导教师或实验室负责人员应在其认为安全的情况下,及时切断电源和气源。

(2)实验者应听从指导教师或实验室负责人员的安排,有组织地通过安全出口或其他方式迅速撤离爆炸现场。

(3)迅速向上级报告,并安排抢救工作和人员安置工作。

1.4.3　触电、中毒、灼伤

(1)通过切断电源使触电者迅速脱离电源。

(2)呼吸中毒者,应迅速转移到安全通风的地带,使其呼吸到新鲜空气。

(3)误服毒物中毒者,应立即引吐、洗胃及导泻。

(4)强酸、强碱、有腐蚀性化学药品灼伤时,应用大量流动清水冲洗20～30 min,再分别用低浓度弱碱、弱酸进行中和。例如,皮肤被强酸灼伤后,可以先用水冲洗,再用低浓度的弱碱溶液进行中和;而被强碱灼伤后,则先用大量水洗,再用低浓度的弱酸溶液进行中和。处理后,根据情况决定是否需要进一步医疗处理。

(5)药物溅入眼内时，就近用淋眼器冲洗，冲洗时间不少于 15 min。

(6)火警电话 119，医疗救助电话 120，治安电话 110。西北大学医院电话 029-88302434，西北大学保卫处电话 029-88302110。

第二章　化工专业实验

2.1　正己烷-正庚烷二元气液平衡数据测定实验

2.1.1　实验名称

正己烷-正庚烷二元气液平衡数据测定实验。

2.1.2　实验目的

(1)测定正己烷-正庚烷二元体系在常压下的气液平衡数据。

(2)通过实验了解平衡釜的构造,掌握气液平衡数据的测定方法和技能。

(3)应用 Wilson 方程关联实验数据,回归活度系数模型参数。

2.1.3　实验原理

气液平衡关系是精馏、吸收等单元操作的基础数据。随着化工生产的不断发展,现有气液平衡数据远不能满足实际生产需要。许多物系的平衡数据很难通过理论直接计算得到,必须进行实验测定。

平衡数据的实验测定方法有两类,即间接法和直接法。直接法又包括静态法、流动法和循环法等,其中循环法应用最为广泛。要测得准确的气液平衡数据,平衡釜是关键。平衡釜的形式有多种且各有特点,应根据待测物系的特征选择适当的釜型。使用常规的平衡釜测定平衡数据时,需要的样品量多,测定的时间长。本实验使用的小型平衡釜的主要特点是:釜外有真空夹套保温,可观察釜内的实验现象;样品用量少,达到平衡速度快,因而实验时间短。

本实验采用循环法来测定平衡数据。以循环法测定气液平衡数据的平衡釜类型虽多，但基本原理相同，如图 2-1-1 所示。当体系达到平衡时，两个容器内气液相的组成不随时间变化，这时从 A 容器和 B 容器中取样分析，即可得到一组平衡数据。

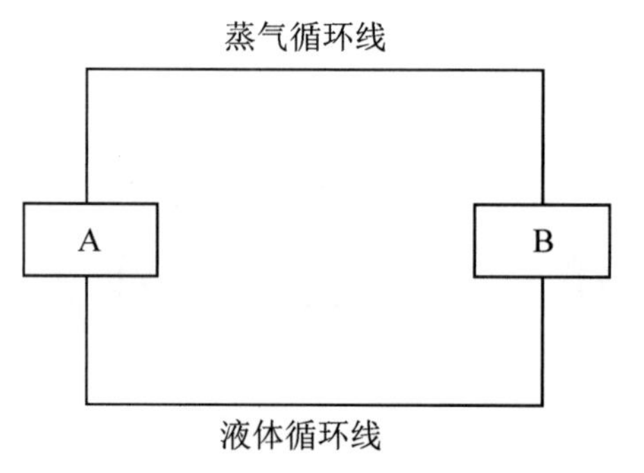

图 2-1-1　循环法测定气液平衡原理图

当达到气液平衡时，除了两相的压力和温度分别相等外，每一组分的化学位也相等，即逸度相等，其热力学基本关系式为

$$f_i^V = f_i^L \tag{2-1-1}$$

$$\varphi_i p y_i = \gamma_i f_i x_i \tag{2-1-2}$$

常压下，气相可视为理想气体，$\varphi_i = 1$；再忽略压力对液体逸度的影响，即 $f_i = p_i^0$，从而得出低压下的气液平衡关系式为

$$p y_i = \gamma_i p_i^0 x_i \tag{2-1-3}$$

式中，p 为体系压力（总压）；p_i^0 为纯组分 i 在平衡温度下的饱和蒸气压，可用 Antoine 公式计算；x_i、y_i 分别为组分 i 在液相和气相中的摩尔分数；γ_i 为组分 i 的活度系数。

由实验测得等压下的气液平衡数据，则可用

$$\gamma_i = \frac{p y_i}{p_i^0 x_i} \tag{2-1-4}$$

计算出不同气液组成下的活度系数。

Antoine 公式为

$$\log p^0 = A - \frac{B}{C+t} \tag{2-1-5}$$

式中，p^0 的单位为 mmHg（1 mmHg＝0.133 322 4 kPa），温度 t 的单位为℃。Antoine 公式中的系数如表 2-1-1 所列。

表 2-1-1　Antoine 公式中的系数

体系	A	B	C
正己烷	6.877 76	1 171.530	224.366
正庚烷	6.902 40	1 268.115	216.900

2.1.4　实验装置及试剂

（1）平衡釜 1 台，本实验使用气液双循环的小型平衡釜，如图 2-1-2 所示。

(2)气相色谱仪 1 台。

(3)50～100 ℃十分之一的标准温度计 2 支。

(4)所用试剂正己烷、正庚烷均为分析纯。

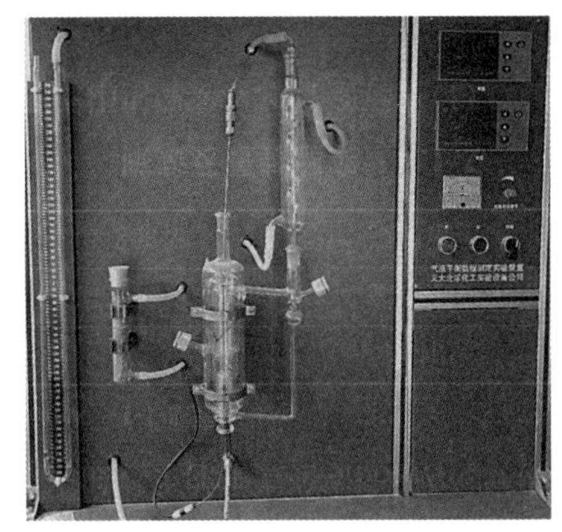

图 2-1-2　平衡釜装置图

2.1.5　实验操作

(1)在测温套管中倒入甘油，将标准温度计插入套管中，并在温度计露出介质部分中间固定 1 支温度计。

(2)在干燥的平衡釜内加入 20 mL 已配好的正己烷-正庚烷混合物。打开冷却水，接通电源。开始时缓慢加热，冷凝回流液控制在每秒 2～3 滴。稳定回流约 20 min，以建立平衡状态。

(3)待气液平衡后停止加热，用微量注射器分别取两相样品，用色谱仪测其组成。

(4)改变化合物配比，测定不同配比下的两相组成和平衡浓度。注意避免各实验点分配不均。

(5)开启色谱仪进行检测。色谱条件：极性色谱柱，柱长 30 m，柱径 0.32 mm，柱温起始为 110 ℃，进样后程序升温至 125 ℃，升温速率为 5 ℃/min。进样器温度为 150 ℃，毛细管检测器温度为 180 ℃。N_2 为载气，氢气为助燃剂，载气流速为 90 mL/min。稳定 60 min。

2.1.6　实验数据的记录及处理

(1)记录实验数据：总压 p、温度 t、色谱峰面积 A。物质摩尔分率的计算采用外标法(利用已得到的标准曲线方程)计算。

(2)将色谱测试结果整理成平衡数据，以表格形式列出，并作出相平衡曲线(x-y 图)。

(3)计算活度系数。

(4)采用 Wilson 方程关联活度系数和组成的关系。

对于二元系统，Wilson 方程为

$$\ln \gamma_1 = -\ln(x_1 + \Lambda_{12} x_2) + x_2 \left(\frac{\Lambda_{12}}{x_1 + \Lambda_{12} x_2} - \frac{\Lambda_{21}}{x_2 + \Lambda_{21} x_1} \right) \quad (2\text{-}1\text{-}6)$$

$$\ln \gamma_2 = -\ln(x_2 + \Lambda_{21} x_1) + x_1 \left(\frac{\Lambda_{21}}{x_2 + \Lambda_{21} x_1} - \frac{\Lambda_{12}}{x_1 + \Lambda_{12} x_2} \right) \quad (2\text{-}1\text{-}7)$$

其中

$$\Lambda_{12} = \left(\frac{v_2^L}{v_1^L} \right) \exp\left[\frac{-(\lambda_{12} - \lambda_{11})}{RT} \right] \quad (2\text{-}1\text{-}8)$$

$$\Lambda_{21} = \left(\frac{v_1^L}{v_2^L} \right) \exp\left[\frac{-(\lambda_{21} - \lambda_{22})}{RT} \right] \quad (2\text{-}1\text{-}9)$$

式中，v_i^L 为纯 i 液体在系统温度下的摩尔体积(可以忽略压力对液体体积的影响，用饱和液相摩尔体积代替)；$(\lambda_{12} - \lambda_{11})$、$(\lambda_{21} - \lambda_{22})$称为能量参数，可以从实验数据回归得到。

目标函数选为气相组成误差的平方和，即

$$F = \sum_{j=1}^{m} (y_{1\text{实验}} - y_{1\text{计算}})^2 + (y_{2\text{实验}} - y_{2\text{计算}})^2 \quad (2\text{-}1\text{-}10)$$

为了简便，在特定的二元系统中，假定模型参数 Λ_{12}、Λ_{21} 为常数进行回归。

2.1.7 实验报告

(1)实验目的。

(2)实验原理。

(3)实验装置及实验药品。

注明设备编号，列出药品的名称、规格。

(4)实验步骤。

(5)实验数据记录表、实验数据整理表、实验数据整理曲线(x-y 图)，列出相应公式。

(6)实验结果讨论。

①实验中怎样判断气液两相已达到平衡？

②影响气液平衡测定准确度的因素有哪些？

③为什么要确定模型参数？模型参数对实际工作有何作用？

(7)参考文献。

2.1.8 实验注意事项

(1)本实验中正己烷、正庚烷为易燃易爆化学品，实验过程中应开启通风设备。

(2)气相物质采用冷凝器冷凝，冷凝器的循环水应在开始加热前开通，并在加热停止后 0.5 h 关闭。

(3)平衡釜的加热温度不能过高，否则会引起剧烈沸腾，导致冷凝不彻底、有机气体泄漏和平衡时间过长等问题。

(4)平衡釜内的液体量不能过少，否则会使平衡釜局部温度过高，导致平衡釜破坏，应根据情况及时调整加料量。

(5)用注射器抽取样品或加料时，要将针头对准平衡釜的进样口，小心操作，缓慢注入，防止样品飞溅到外面，引起误差和损失。

2.1.9　附录

用非线性最小二乘法拟合，MATLAB 拟合程序如下：

主程序：

```
bb0=[1,1]
[bb,resnorm]=lsqnonlin('qiye',bb0)
```

子程序：

```
function F=qiye(bb)
x1=0.01*[37.2 55.2 65.2 74.8];'实验测定值 x1，这里仅以四组数据说明
x2=1-x1;
y1=0.01*[52.0 67.2 75.2 81.8];'实验测定值 y1，这里仅以四组数据说明
y2=1-y1
P10=[976.962 872.390 831.487804.001];'纯 1 组分的饱和蒸气压，可用 Antoine 公式计算
P20=[562.536 498.125 473.079 456.299];'纯 2 组分的饱和蒸气压，可用 Antoine 公式计算
for i=1:4      F(i)=y1(i)-P10(i)*x1(i)/760*exp(-log(x1(i)+bb(1)*x2(i))+x2(i)*(bb(1)/(x1(i)+bb(1)*x2(i))-bb(2)/(x2(i)+bb(2)*x1(i))))
end
for i=5:8
    j=i-4
F(i)=y2(j)-P20(j)*x2(j)/760*exp(-log(x2(j)+bb(2)*x1
```

```
(j))+x1(j)*(bb(2)/(x2(j)+bb(2)*x1(j))-bb(1)/(x1(j)+bb(1)
*x2(j))))
    end
    end
```

2.2　多釜串联混合性能测定实验

2.2.1　实验名称

多釜串联混合性能测定实验。

2.2.2　实验目的

(1)掌握停留时间分布的测定方法及数据处理方法。

(2)对反应器进行模拟计算以及对计算结果进行检验。

(3)熟悉根据停留时间分布测定结果判定釜式反应器混合状况和改进反应器的方法。

(4)了解单釜反应器、串联釜式反应器对化学反应的影响规律,学会釜式反应器的配置方法。

2.2.3　实验原理

化学反应进行的完全程度与反应物料在反应器内停留时间的长短有关,时间越长,反应进行得越完全。对于间歇反应器,这个问题比较简单,因为反应物料是一次性装入,所以在任何时刻下反应器内所有物料在其中的停留时间都是一样的,不存在停留时间分布的问题。对于流动系统,由于流体连续不断地流入系统,又连续地从系统流出,且流体在反应器内的流速分布不均匀,存在流体扩散及反应器内死区等问题,因此流体的停留时间问题比较复杂,由停留时间分布描述。

物料在反应器内的停留时间分布是连续流动反应器的一个重要性质,可定量描述反应器内物料的流动特性。物料在反应器内的停留时间不同,其反应的程度也不同。通过测定物料在反应器内的停留时间,不仅可以由已知的化学反应速率计算反应器物料的出口浓度、平均转化率,还可以了解反应器内物料的流动混合状况，确定实际反应器对理想反应器的偏离程度，从而找出改进和强化反应器的途径。通过测定停留时间分布，求出反应器的流动模型参数，为反应器的设计及放大提供依据。

多釜串联混合性能测定实验装置是一种测定带搅拌器的釜式液相反应器中物料返混情况的设备，为深入了解釜式反应器与管式反应器的特性提供了重要的实验手段。通常是在固定搅拌转速和液体流量的条件下加入示踪剂，在各级反应釜流出口测定示踪剂浓度随时间的变化曲线，再通过数据处理证明返混对釜式反应器的影响，并通过计算机得到停留时间分布密度函数及单釜与三釜串联流动模型的关系。此外，也可通过与其他种类反应器的对比实验，更深刻地理解各种反应器的特性。

停留时间分布测定采用的方法主要是示踪响应法。它的基本思路：在反应器入口以一定的方式加入示踪剂，然后通过测量反应器出口处示踪剂浓度的变化，间接地描述反应器内流体的停留时间。常用的示踪剂的加入方式有脉冲输入法、阶跃输入法和周期输入法等。本实验选用的是脉冲输入法。

脉冲输入法是在极短的时间内，将示踪剂从系统的入口处注入主流体，在不影响主流体原有流动特性的情况下使示踪剂随之进入反应器。与此同时，在反应器出口处检测示踪剂的浓度 $c(t)$ 随时间的变化情况。整个过程可以用图 2-2-1 形象地描述。

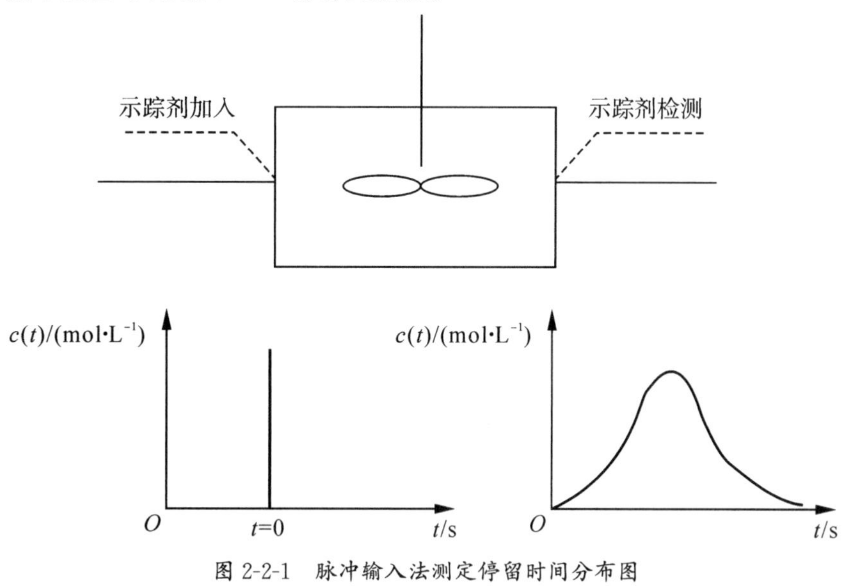

图 2-2-1　脉冲输入法测定停留时间分布图

由概率论知识可知，概率分布密度函数 $E(t)$ 就是系统的停留时间分布密度函数。因此，$E(t)\mathrm{d}t$ 就代表了流体粒子在反应器内的停留时间介于 t 到 $t+\mathrm{d}t$ 之间的概率。

在反应器出口处测得的示踪剂的浓度 $c(t)$ 与时间 t 的关系曲线叫作响应曲线。通过响应曲线可以计算出 $E(t)$ 与时间 t 的关系，并绘出 $E(t)$-t 关系曲线。根据 $E(t)$ 的定义得

$$Qc(t)=mE(t) \tag{2-2-1}$$

所以

$$E(t)=\frac{Qc(t)}{m} \tag{2-2-2}$$

式中，Q 为主流体的流量，L/h；m 为示踪剂的加入量，mol/h。

由式(2-2-2)即可根据响应曲线求得停留时间分布密度函数 $E(t)$，即可由脉冲输入法直接测得的是 $E(t)$。

关于停留时间分布的另一个统计函数是停留时间分布函数 $F(t)$，即

$$F(t)=\int_0^t E(t)\mathrm{d}t \tag{2-2-3}$$

用停留时间分布密度函数 $E(t)$ 和停留时间分布函数 $F(t)$ 来描述系统的停留时间，给出了很好的统计分布规律。但是为了比较不同停留时间分布之间的差异，还需要引入另外两个统计特征值，即数学期望和方差。

数学期望对停留时间分布而言就是平均停留时间，即

$$\bar{t}=\frac{\int_0^\infty tE(t)\mathrm{d}t}{\int_0^\infty E(t)\mathrm{d}t}=\int_0^\infty E(t)\mathrm{d}t \tag{2-2-4}$$

方差是与理想反应器模型关系密切的参数，表示对均值的离散程度，方差越大，分布越宽。它的定义是

$$\sigma^2=\frac{\int_0^\infty (t-\bar{t})^2E(t)\mathrm{d}t}{\int_0^\infty E(t)\mathrm{d}t}=\int_0^\infty (t-\bar{t})^2E(t)\mathrm{d}t$$

$$=\int_0^\infty (t-\bar{t})^2E(t)\mathrm{d}t-\bar{t}^2 \tag{2-2-5}$$

由式(2-2-2)可知 $E(t)$ 与示踪剂浓度 $c(t)$ 成正比。因此，本实验中用水作为连续流动的物料，以饱和氯化钾作示踪剂，在反应器出口处检测

溶液的电导值。在一定范围内，氯化钾浓度与电导值成正比，则可用电导值来表达物料的停留时间变化关系，即 $E(t)\propto L(t)$。这里 $L(t)=L_t-L_\infty$，L_t 为 t 时刻的电导值，L_∞ 为无示踪剂时的电导值。

由实验测定的停留时间分布密度函数 $E(t)$ 有两个重要的特征值，即平均停留时间 t 和方差 σ_t^2，可由实验数据计算得到。若用离散形式表达，并取相同时间间隔 Δt，则

$$\bar{t}=\frac{\int_0^\infty tc(t)\mathrm{d}t}{\int_0^\infty c(t)\mathrm{d}t}=\frac{\int_0^\infty tL(t)\mathrm{d}t}{\int_0^\infty L(t)\mathrm{d}t}=\int_0^\infty tL(t)\mathrm{d}t \tag{2-2-6}$$

$$\bar{t}=\frac{\sum tc(t)\Delta t}{\sum c(t)\Delta t}=\frac{\sum t\cdot L(t)}{\sum L(t)} \tag{2-2-7}$$

$$\sigma_t^2=\frac{\int_0^\infty t^2\cdot c(t)\mathrm{d}t}{\int_0^\infty c(t)\mathrm{d}t}-\bar{t}^2=\int_0^\infty t^2c(t)\mathrm{d}t-\bar{t}^2=\int_0^\infty t^2L(t)\mathrm{d}t-\bar{t}^2 \tag{2-2-8}$$

$$\sigma_t^2=\frac{\sum t^2c(t)\mathrm{d}t}{\sum c(t)}-\bar{t}^2=\frac{\sum t^2\cdot L(t)}{\sum L(t)}-\bar{t}^2 \tag{2-2-9}$$

若用无因次对比时间 θ 来表示，则 $\theta=\frac{t}{\bar{t}}$，无因次方差 $\sigma_\theta^2=\frac{\sigma_t^2}{\bar{t}^2}$。

在测定了一个系统的停留时间分布后，若要评价其返混程度，则需要用反应器模型来描述，这里我们采用的是多釜串联模型。所谓多釜串联模型，是将一个实际反应器中的返混情况与若干个全混釜串联时的返混程度等效。这里的若干个全混釜个数 n 是虚拟值，并不代表反应器的个数，n 称为模型参数。多釜串联模型假定每个反应器为全混釜，反应器之间无返混，每个全混釜的体积相同，则可以推导得到多釜串联反应器的停留时间分布函数关系，并得到无因次方差 σ_θ^2 与模型参数 n 的关系为

$$n=\frac{1}{\sigma_\theta^2}=\frac{\bar{t}^{2}}{\sigma_t^2} \tag{2-2-10}$$

当 $n=1$，$\sigma_\theta^2=1$ 时，为全混釜特征。

当 $n=1$，$\sigma_\theta^2\to 0$ 时，为平推流特征。

当 n 为整数时，代表该非理想流动反应器可以用 n 个等体积的全混流反应器的串联来建立模型。当 n 为非整数时，可以用四舍五入的方法

近似处理,也可以用不等体积的全混流反应器串联来建立模型。

2.2.4 实验装置及试剂

(1)多釜串联混合性能测定装置1套,如图2-2-2所示。其流程图如图2-2-3所示。

(2)所用试剂氯化钾为分析纯。

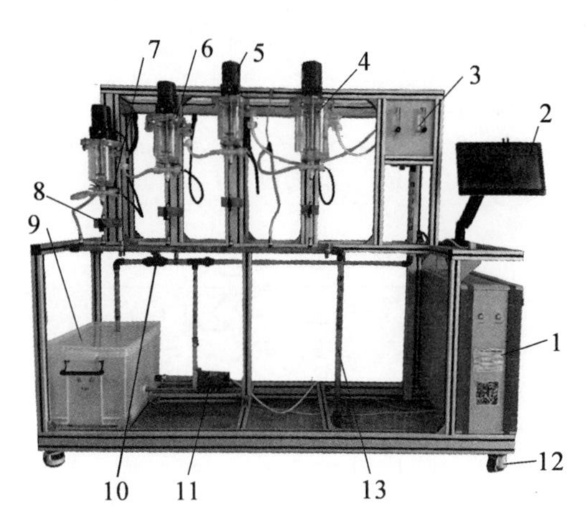

1—控制柜;2—触摸屏;3—转子流量计;4—釜;5—搅拌电机;
6—小釜;7—电极;8—排气放净阀;9—水箱;10—水箱放净阀;
11—水泵;12—水平调节支撑型脚轮;13—透明管路大釜。

图2-2-2 多釜串联混合性能测定装置图

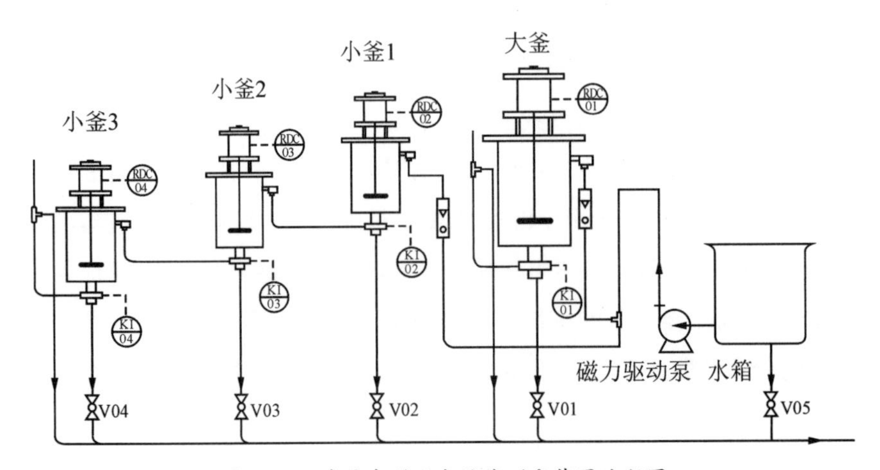

图2-2-3 多釜串联混合性能测定装置流程图

2.2.5 实验操作

2.2.5.1 准备工作

(1)配制饱和KCl溶液。

(2)检查电极导线连接是否正确。

(3)检查仪表柜内接线有无脱落。

(4)向水箱内注满水，打开泵进口处阀门，检查各阀门开关状况。

2.2.5.2　釜串联实验

(1)点击检测按钮，完成对4个电导率的调零。

(2)将三釜转子流量计维持在15～30 L/h之间的某值，使各釜充满水，并能正常地从最后一级流出。

(3)分别开启小釜1、小釜2、小釜3的搅拌开关，调节转速，使3个釜的搅拌程度大致相同，转速维持在100～300 r/min。

(4)开启计算机，输入数据间隔时间、数据记录总个数，用注射器向第一釜(小釜1)示踪剂注入口注入一定量的饱和KCl溶液，此时可进行数据的实时采集。

(5)待采集结束或者1 min内电导率数值不变化，按下“数据处理”按钮后显示计算结果，按下“保存数据”按钮保存数据文件，最后按下“退出系统”按钮结束本实验。

(6)改变电机转数，按照上面相同的步骤重新实验。

(7)改变水流量，按照上面相同的步骤重新实验。

2.2.5.3　单釜实验

(1)慢慢打开单釜(大釜)进水转子流量计的阀门。启动水泵，调节水流量维持在5～20 L/h之间的某值，使釜充满水，并能正常地流出。

(2)开启单釜搅拌开关，调节转速维持在100～300 r/min。

(3)开启计算机，输入数据间隔时间、数据记录总个数，用注射器向单釜示踪剂注入口注入一定量的饱和KCl溶液，此时可进行数据的实时采集。

(4)待采集结束或者1 min内电导率数值不变化时，按下“数据处理”按钮显示计算结果，按下“保存数据”按钮保存数据文件，最后按下“退出系统”按钮结束本实验。

(5)关闭各流量计阀门、电源开关，打开釜底部排水阀V01～V04、水箱放净阀V05，将水排空。

2.2.6　实验报告

(1)实验原理。

(2)实验装置及实验药品。

注明设备编号,列出药品名称、规格。

(3)实验数据记录表(表 2-2-1)。

表 2-2-1　实验数据记录表

时间 t/s	电导率 1[$L(t_1)$]/(μs・cm^{-1})	电导率 2[$L(t_2)$]/(μs・cm^{-1})	电导率 3[$L(t_3)$]/(μs・cm^{-1})

(4)实验数据处理。

将记录的数据按以下公式进行处理:

① 求$\sum[t \cdot L(t)]$。

② 求$\sum L(t)$。

③ 求$\sum t^2 \cdot L(t)$。

④ 求$\bar{t}$。

由式(2-2-11)可得$\bar{t}$:

$$\bar{t}=\frac{\sum tE(t)\Delta t}{\sum E(t)\Delta t}=\frac{\sum tc(t)}{\sum c(t)}=\frac{\sum t \cdot L(t)}{\sum L(t)} \tag{2-2-11}$$

式中,Δt 为采样时间间隔,s。

⑤ 求方差。

由式(2-2-12)可得σ_t^2:

$$\sigma_t^2=\frac{\sum t^2 \cdot E(t)\Delta t}{\sum E(t)\Delta t}-\bar{t}^2=\frac{\sum t^2 \cdot c(t)}{\sum c(t)}-\bar{t}^2$$

$$=\frac{\sum t^2 \cdot L(t)}{\sum L(t)}-\bar{t}^2 \tag{2-2-12}$$

⑥ 求模拟釜数 n。

由式(2-2-13)可得 n:

$$n=\frac{1}{\sigma_\theta^2}=\frac{\bar{t}^2}{\sigma_\theta^2} \tag{2-2-13}$$

⑦ 绘制停留时间分布密度函数 $E(t)$-t 关系曲线。

根据所测得的电导率值，以及 k-c 关系式$\frac{k}{c}=-0.0006\sqrt{c}+0.016$，计算出相应温度下的 $c(t)$值，根据式(2-2-14)计算 $E(t)$，并绘制 $E(t)$-t 关系曲线。

$$E(t)=\frac{Vc(t)}{m} \tag{2-2-14}$$

(5)实验结果讨论。

观察模拟釜数与实际釜数的区别，并分析原因。

(6)参考文献。

2.2.7　实验注意事项

(1)若长时间不使用多釜串联混合装置，应将仪器置于干燥处，并定期开启仪器进行一定时间操作，以防仪器受潮。

(2)示踪剂饱和 KCl 中的氯离子与搅拌桨长时间接触会对其产生腐蚀，故实验结束后应继续通清水，对釜内壁特别是搅拌桨的叶片进行冲洗，最后将水排净。

(3)在启动加料泵前，必须保证水箱内有水。磁力泵长期空转会使磁力泵温度升高而损坏磁力泵。第一次运行磁力泵时，须排除磁力泵内的空气。若不进料，则应及时关闭进料泵。

(4)开启总电源开关后，若指示灯不亮或仪表不上电，则保险损坏或有断路现象，应查之。

(5)若搅拌马达有异常声音，则应检查搅拌轴是否处于合适位置，一般重新调整后可恢复正常。

2.3　乙苯脱氢制苯乙烯实验

2.3.1　实验名称

乙苯脱氢制苯乙烯实验。

2.3.2　实验目的

(1)了解固定床催化反应装置的基本流程。

(2)掌握在氧化铁系催化剂的作用下,乙苯在固定床单管反应器中制备苯乙烯的过程。

(3)学会实验操作流程与稳定工艺条件的方法。

(4)掌握乙苯脱氢制苯乙烯时不同操作条件对产物收率的影响。

(5)练习和掌握色谱分析方法。

2.3.3　实验原理

2.3.3.1　主副反应方程式

主反应:

$$C_6H_5-C_2H_5 \longrightarrow C_6H_5-CH=CH_2 + H_2 \qquad 117.8\ kJ/mol$$

副反应:

$$C_6H_5-C_2H_5 \longrightarrow C_6H_6 + C_2H_4 \qquad 205\ kJ/mol$$

$$C_6H_5-C_2H_5 + H_2 \longrightarrow C_6H_6 + C_2H_6 \qquad -31.5\ kJ/mol$$

$$C_6H_5-C_2H_5 + H_2 \longrightarrow C_6H_5-CH_3 + C_2H_4 \qquad -54.4\ kJ/mol$$

在水蒸气存在的条件下,还可能发生下列反应:

$$C_6H_5-C_2H_5 + 2H_2O \longrightarrow C_6H_5-CH_3 + CO_2 + 3H_2$$

此外,还有部分芳烃的脱氢缩合与聚合以及焦油和碳的生成。这些连续副反应的发生不仅使反应的选择性下降,而且极易使催化剂表面结焦而导致活性下降。

2.3.3.2　反应的影响因素

(1)温度。

乙苯脱氢制苯乙烯为吸热反应,$\Delta H>0$,由平衡常数与温度关系式(2-3-1)可知,提高温度可增大平衡常数,从而提高本反应的平衡转化率。但是温度过高会增加副反应,使苯乙烯的选择性下降,能耗增大,对设备材质的要求提高,故应控制适当的反应温度。

$$\left(\frac{\partial \ln K_p}{\partial T}\right)_p=\frac{\Delta H^0}{RT^2} \qquad (2\text{-}3\text{-}1)$$

(2)压力。

乙苯脱氢制苯乙烯为体积增加的反应，由平衡常数与压力的关系式(2-3-2)可知，当 $\Delta\gamma>0$ 时，降低总压 p 可使 K_n 增大，从而增加了反应的平衡转化率，故降低压力有利于平衡向脱氢方向移动。本实验可加入惰性气体或在减压条件下进行。通常使用水蒸气作稀释剂以降低乙苯的分压，提高平衡转化率。水蒸气的加入还可向本反应提供部分热量，使反应温度比较稳定，能使反应产物迅速脱离催化剂表面，有利于反应向苯乙烯生成的方向进行；同时有利于烧掉催化剂表面的积碳。但水蒸气的量增大到一定程度后，转化率提高并不显著。水蒸气的适宜用量：水∶乙苯=(1.2～2.6)∶1(质量比)。

$$K_p=K_n\left[\frac{p_{总}}{p_{ni}}\right]^{\Delta\gamma} \tag{2-3-2}$$

(3)空速。

乙苯脱氢制苯乙烯反应中的副反应和连串副反应的反应强度随着接触时间的增加而增大，会导致产物苯乙烯的选择性下降，故接触时间不宜过长。而物料与催化剂接触时间过短则无法保证反应充分进行。因此，物料与催化剂的接触时间存在适宜范围。空速可以反映物料与催化剂的接触时间，本实验乙苯的空速以 0.6～1 h^{-1} 为宜。

(4)催化剂。

乙苯脱氢制苯乙烯技术的关键是选择催化剂。此反应的催化剂种类颇多，其中铁系催化剂是应用最广的一种。以氧化铁为主，添加铬、钾助催化剂，可使乙苯的转化率达到40%，选择性达到90%。在实际应用中，催化剂的形状也对反应收率有很大影响，小粒径、高表面积、星形、十字形截面等异形催化剂有利于提高选择性。

注：本实验采用的氧化铁系催化剂的组成为 Fe_2O_3-CuO-K_2O_3-CeO_2。

2.3.4　实验装置及试剂

(1)固定床实验装置1套，如图2-3-1所示。

(2)气相色谱仪1套。

(3)所用试剂乙苯为分析纯。

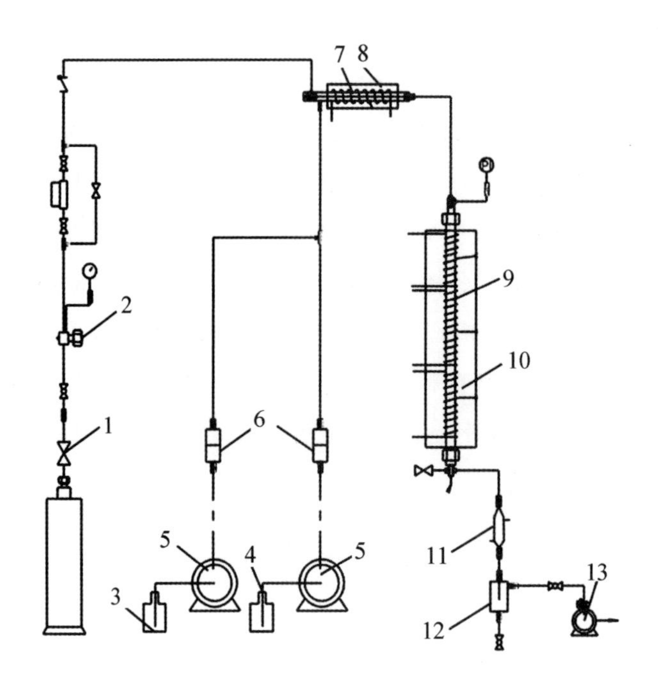

1—钢瓶减压阀；2—稳压阀；3—乙苯储液罐；4—水储液罐；5—液体计量泵；
6—缓冲罐；7—预热器；8—预热炉；9—固定床反应器；10—固定床反应炉；
11—水冷冷凝器；12—气液分离器；13—湿式气体流量计。

图 2-3-1　固定床装置及流程图

2.3.5　实验操作

(1)气密性检测：通氮气，将质量流量计的流量调至最大，调节入口稳压阀，保持进气压力在 0.1 MPa 左右、反应器入口压力表在 0.1 MPa 左右，保持数分钟，关闭气路开关阀和出口阀，质量流量计的流量显示零点值或一段时间内压力表指针不下降为合格。(若有泄漏，则可用肥皂水检测各接口，查找漏点)

(2)催化剂填装：试漏完成后，泄压至常压，拆卸反应器，将反应器用丙酮或乙醇清洗干净后吹干；筛取 20～40 目催化剂颗粒 10 mL，参照图 2-3-2 填装催化剂，填装高度约为 55 mm，位于反应器中部。

(3)催化剂活化：开始升温，预热器温度控制在 200～300 ℃，反应器温度达到 200 ℃后开始启动水加料泵，控制泵转速为 1.4 r/min(水流量约为 0.34 mL/min)；待反应器温度达到 350 ℃后(反应器每小时升温 100～150 ℃)，恒温 2 h 左右，启动乙苯加料泵，控制泵的转速为 0.4 r/min(乙苯流量约为 0.1 mL/min)；温度升至 550 ℃时，恒温活化催

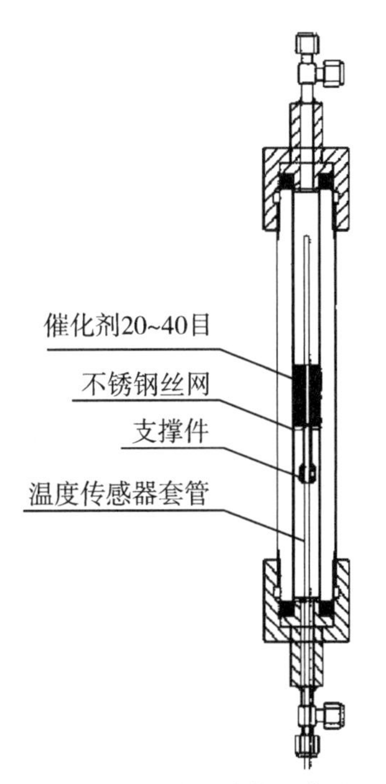

图 2-3-2 反应器结构示意图

化剂 3 h,进入反应阶段。

(4)反应阶段:开始升温,控制预热器温度在 200～300 ℃,反应器升温至 200 ℃后开始启动水加料泵,控制泵转速为 1.4 r/min(水流量约为 0.34 mL/min);反应器升温至 550 ℃时,启动乙苯加料泵,按水：乙苯＝2：1(体积比)调节流量,控制乙苯流量为 0.17 mL/min(约为 0.8 r/min)。反应温度分别控制在 550 ℃、575 ℃、600 ℃、625 ℃,考察不同温度下反应物的转化率与产品的收率。

(5)取样:在每个反应条件下稳定 30 min(注意:每次开始计时前,先从气液分离器下部放净液相产品)后,从气液分离器下部取样品。取样时用分液漏斗分去水相,分别称量油相及水相的重量,以便进行物料衡算。

(6)检测分析:用注射器取烃层样品,进样至气相色谱仪中测定产物的组成。计算各组分的百分含量及原料的转化率、产物的收率。

(7)反应完毕后停止加乙苯原料,继续通水维持 30～60 min(清除催化剂上的焦状物,使之再生后待用),关闭反应加热炉。当反应器温度降至 300 ℃以下后,关闭水蠕动泵,再关闭预热炉。

(8)实验结束后关闭水、电。

注:步骤(1)(2)(3)由老师在课前准备完成。

2.3.6　实验报告

(1)实验原理。

(2)实验装置及实验药品。

注明设备编号,列出药品名称、规格。

(3)数据记录。

根据实验内容自行设计记录表格(表 2-3-1),记录实验数据。

表 2-3-1　原始数据记录表

原始记录:		室温:		大气压:			
时间/min	预热温度/℃	反应温度/℃	水进料量/(mL·h^{-1})	乙苯进料量/(mL·h^{-1})	油层/g	水层/g	备注

(4)产品分析结果(表 2-3-2)。

表 2-3-2　产品分析结果记录表

反应温度/℃	乙苯进料量/(mL·h^{-1})	苯		甲苯		乙苯		苯乙烯	
		含量/%	质量/g	含量/%	质量/g	含量/%	质量/g	含量/%	质量/g

(5)数据处理公式。

$$\text{乙苯转化率}=\frac{\text{原料中乙苯量}-\text{产物中乙苯量}}{\text{原料中乙苯量}}\times 100\% \tag{2-3-3}$$

$$\text{苯乙烯选择性}=\frac{\text{生成苯乙烯量(mol)}}{\text{反应的乙苯量(mol)}}\times 100\% \tag{2-3-4}$$

$$\text{苯乙烯收率}=\text{转化率}\times\text{选择性} \tag{2-3-5}$$

(6)实验结论及问题。

2.3.7　实验注意事项

(1)本装置以甲苯为原料,产品苯乙烯、氢气及二甲苯均为易燃、易爆和有毒化学品,实验过程中应开启通风设备。

(2)本装置反应器加热时使用电加热设备，加热设备内温度高于400 ℃，注意防止电击和烫伤。

(3)反应器出口物料冷凝器中要确保有冷却水通入。

(4)载气氮气和氢气系统必须经过试漏检测。

2.4　乙醇脱水流化床实验

2.4.1　实验名称

乙醇脱水流化床实验。

2.4.2　实验目的

(1)了解流化床的结构与操作方法。

(2)掌握流化床中类似催化裂解的实验技巧。

(3)掌握装置的仪表控制方法、流程、反应器结构、反应与操作原理。

(4)掌握各类脂肪醇脱水生成相应碳数的烯烃的方法。

2.4.3　实验原理

2.4.3.1　乙醇脱水反应原理

乙醇脱水反应依催化剂类型、反应温度、压力、接触时间(加料速度)的不同，其过程也不同。但总的反应由下列反应式组成：

$$2C_2H_5OH(\text{乙醇}) \xrightarrow{\text{催化剂}} \begin{cases} C_2H_5OC_2H_5(\text{乙醚}) + H_2O \\ 2C_2H_4(\text{乙烯}) + 2H_2O \end{cases}$$

低温下反应以如下的反应式为主：

$$2C_2H_5OH \longrightarrow C_2H_5OC_2H_5 + H_2O$$

高温下反应以如下的反应式为主：

$$2C_2H_5OH \longrightarrow 2C_2H_4 + 2H_2O$$

以上反应均为乙醇脱水反应，在两者之间的温度下，反应产物中必然既含乙醚又含乙烯。由于流化床有传热和高返混的作用，因此在同样的温度下，乙醇脱水反应中产物乙烯的含量，流化床反应应高于固定床反应。

应注意的是，二碳原子的乙醇脱水生成乙烯、三碳原子的丙醇脱水生成丙烯、四碳原子的丁醇脱水生成丁烯、高碳醇生成高碳数烯烃等，均可采用相同的催化剂和操作方法。如

$$2R-\underset{H}{\underset{|}{C}}H_2-\underset{OH}{\underset{|}{C}}H_2(\text{醇}) \longrightarrow \begin{cases} 2RCH=CH_2(\text{烯})+2H_2O \\ (RCH_2CH_2)_2O(\text{醚})+H_2O \end{cases}$$

乙醇脱水反应的历程有多种解释，现取一种介绍如下：

$$\underset{H}{\underset{|}{CH_2}}-\underset{OH}{\underset{|}{CH_2}} \longrightarrow CH_2=CH_2+H_2O$$

$$-\underset{OH}{\overset{|}{\underset{|}{C}}}-\underset{H}{\overset{|}{\underset{|}{C}}}- \rightleftharpoons -\underset{H}{\overset{|}{\underset{|}{C}}}-\underset{OH_2^+}{\overset{|}{\underset{|}{C}}}- \rightleftharpoons -\underset{H}{\overset{|}{\underset{|}{C}}}-\overset{|}{\underset{+}{C}}- \rightleftharpoons -C=C-$$

甲醇类烃基上的氧原子含有共用电子对，与 H^+ 结合形成锌盐。氧原子上带正电荷，使之变成强吸电子基，并使 C—O 键易于断裂，因此整个反应速度由第二步生成正碳离子的速度决定。在这一步中只有一个分子发生价键的破裂，故叫作单分子历程，简称 E1 消除反应。

2.4.3.2 乙醇气固相脱水催化剂

乙醇气固相脱水催化剂常使用以下两种：

(1) Al_2O_3 催化剂，反应温度在 360 ℃左右得到最佳乙烯收率。催化剂可制成强度较好、耐磨的球形活性氧化铝供流化床使用。例如，可制成粒径为 80 目以上的产品，它的流动性好、流化质量高。实验室制备时可采用油柱成型或喷雾干燥法制得，但步骤复杂，一般难以获得该产品。

(2) ZSM-5 系列催化剂，反应温度在 300 ℃左右得到最佳乙烯收率。该催化剂的突出优点是反应温度低，而且乙烯收率高，并有工业品，容易获得。

本实验采用 ZSM-5 系列催化剂。

2.4.3.3 流化床工作原理

流态化现象可以由气体、液体与固体颗粒形成气-固流态化、液-固流态化或气-液-固三相流态化。其中，工业应用较多的是气-固流态化。

在垂直的容器中装入固体颗粒，由容器底部经多孔分布板通入气体。

起初固体颗粒静止不动为固定床状态，这时气体只能从固体的缝隙中通过。随着气量增大，当达到某一数值时，颗粒开始松动，此时的表观速度（空塔速度）称为起始流化速度，亦称临界流化速度，通常以 u_f 表示。此时，颗粒空隙率增大，粒子悬浮而不再相互支撑，处于运动状态，床层面明显升高，床内压降在达到流化后，随流速增加而减少，再加大流速也基本不变。随着气速再增大，床层开始膨胀并有气泡形成，气泡内可能包含少量的固体颗粒成为气泡相，气泡以外的区域成为乳相，这种流化状态称为聚式流态化（也称鼓泡床）。若床内没有气泡形成，则称为散式流态化，也叫平稳床。随着气速再增加，达到终端速度，颗粒就会被气体带出，叫作扬析或气力输送（粒子与流体一起流动或移动）。

流态化过程中会产生异常现象：

（1）腾涌：气-固流态化中，床内气体汇合长大，当它的直径接近容器直径时，床内物料呈活塞状向上运动，料层达到一定高度后崩裂，颗粒似雨淋下，此现象称为腾涌（气截、节涌、涌节）。

（2）沟流：气-固流态化中，气速超过临界流态化速度，但床层仍处于静止状态，大量气体短路穿过床层，形成一条狭窄流道，大部分颗粒未浮动，此现象称为沟流。

异常现象会导致流化床不能正常运行，反应效率下降，为此一般采用在床内放置挡板的办法来克服上述现象的产生。在小型实验中，采用与不锈钢流化床同尺寸的玻璃流化床先做冷模实验，并在床内设螺旋挡板以观察流化质量，找出最佳流化状态后再进行热模实验。本装置床内设有螺旋状挡板，无腾涌、沟流现象产生，反应器扩大段置有过滤器，可防止粉尘飞出。

2.4.4　实验装置及试剂

（1）乙醇脱水流化床装置 1 套，如图 2-4-1 所示。

（2）气相色谱仪 1 套。

（3）所用试剂无水乙醇为分析纯。

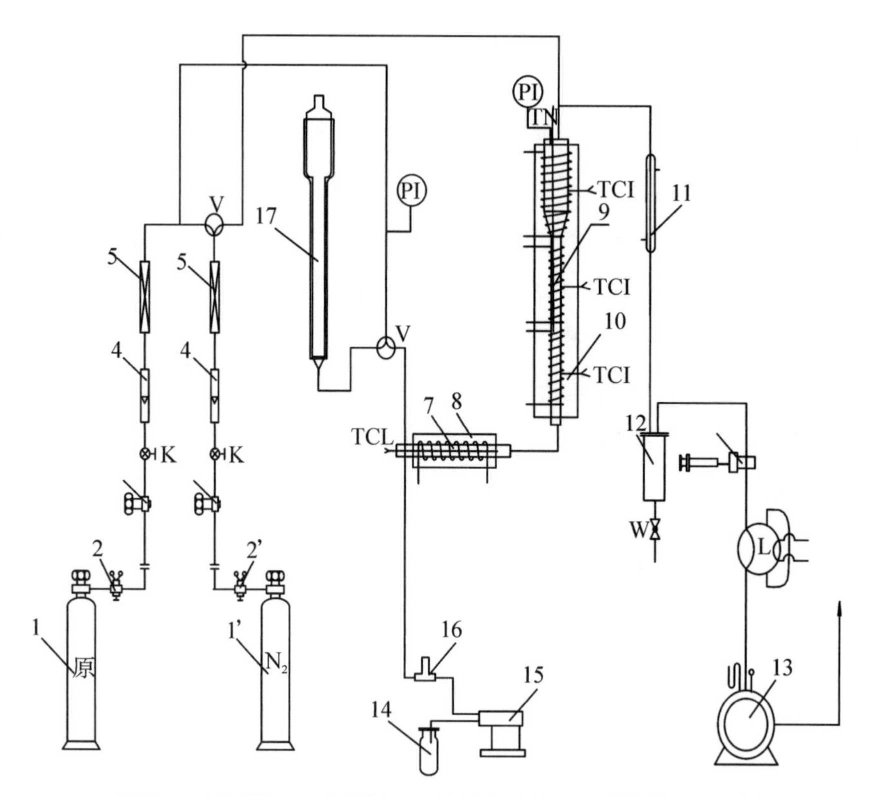

1—钢瓶；2—减压阀；3—稳压阀；4—转子流量计；5—干燥器；6—取样器；
7—预热炉；8—预热器；9—反应炉；10—流化床反应器；11—冷凝器；
12—气液分离器；13—湿式气体流量计；14—加料罐；15—液体泵；
16—缓冲罐；17—玻璃流化床。

图 2-4-1　流化床装置流程图

2.4.5　实验操作

2.4.5.1　催化剂制备

先将条状催化剂破碎为 80～120 目的粒子。由于该粒子破碎后呈多棱角的无定形状态，流化质量很差，因此其临界流化速度要比球状物的高得多。取 30 mL 筛分后的催化剂（用 50 mL 量筒测定），这时要用手轻轻多次振动敲击量筒，使催化剂密实，最后读取数值。

2.4.5.2　热模装置反应器拆卸及催化剂填装

在填装催化剂时，将流化床上部的密封螺栓卸下，松开相关各部分的接头，把上法兰盖慢慢抬起并从热电偶套管内拉出，注意不要将套管拉出。清除过滤器中的粉末，将反应器从炉内拉出，倒出催化剂粉粒，用木棒敲击反应器，尽量倒净催化剂。拉出热电偶套管（螺旋挡板与热电偶套管在一起），用丙酮擦拭反应器内壁，清洁后用吹风机吹干反应器。

再次填入石英棉，将圆柱形石英棉填装在反应器的底部，约 30 mm 厚，由于它的多层细孔性能起到均匀分布气体的作用，而且较细催化剂颗粒不会静止而落入孔内，因此是理想的分布板。当完成以上操作后，插入热电偶及挡板，其底部抵至石英棉上部，将催化剂倒入床内，上好法兰。

注意：热电偶的上部必须插入中部热电偶套管密封接头的中孔内，各接头螺栓和法兰盖螺栓要全部上紧，最后插入反应炉内。

2.4.5.3　冷模装置反应器拆卸及催化剂填装

打开装在玻璃流化床上部的橡胶塞，取相同体积的催化剂放入玻璃流化床内。

2.4.5.4　反应器试漏

将催化剂装入反应器后，必须通氮气试漏。关闭液体进口阀门，关闭出口阀，通氮气使压力表指示为 0.1 MPa，关闭进口阀门，保持 10 min，压力表指针不降为合格。否则要用中性肥皂水涂拭各接点，找出漏点，解决到合格为止。装置试漏合格后打开盲死的管路，关闭气体进口，准备进行实验。

注意：在试漏前首先要确定反应介质是气体还是液体或两者皆有。如果仅是气体，就要盲死液体进口接口。否则在操作中有可能在液体加料泵管线部位发生漏气。本实验试漏后要关闭气体进口，防止乙醇流到气体流量计内。

2.4.5.5　冷模实验

将管路三通阀转至冷模实验端，连接好玻璃流化床下部接头，通氮气，慢慢调节流量，注意床内状态和压力表的指示。当开始有颗粒悬浮、跳动时，视为达到临界流化速度。读取并记录此时的压力和流量数值。之后可再提高速度，进一步观察床内情况，直至有大气泡和床层上升腾空，形成扬析，可找出有无腾涌、气泡产生。

2.4.5.6　热模实验

将管路三通阀转至热模实验端，检查热电偶和加热电路接线是否正确，无误后开启加热开关。分别打开加热炉的上段(扩大段)、中段、下段、预热器的加热开关。

当改变流速时，床内的温度也是要改变的，故调节温度一定要在固定的流速下进行。

注意：当温度达到恒定值后要拉动测温热电偶，观察温度的轴向分布情况。此时，由于在流化状况下床层高度膨胀，因此在这个区域内温差不大，超过这个区域则温度明显下降。由恒温区的长度可大致获得流化床的浓相段高度。如果测出的温度数据在床的底部偏低，就说明石英棉或惰性物的填装高度不够高，或预热温度不够高，通过提高预热温度或增加石英棉、惰性物的高度等方法都能改善这一情况。最后将热电偶放至恒温区内。

预热器温度控制在 130 ℃，待反应器温度达到 160 ℃后，启动乙醇加料泵，同时观察床内温度的变化。在 160～300 ℃之间选不同的温度段，改变 3 次进料速度，考察不同温度及进料速度下反应物的转化率与产品的收率。

调节流量在 10～30 mL/h 范围内，并严格控制进料速度使之稳定。在每个反应条件下稳定 30 min 后，开始记下尾气流量和反应液体的质量，取气样和液样，在色谱仪中测定其产物组成。

2.4.5.7　结束实验

实验结束后停止加乙醇原料，通氮气吹扫维持 30 min 降温。实验结束后关闭水、电。

2.4.6　实验报告

(1)实验原理。

(2)实验装置及实验药品。

注明设备编号，列出药品名称、规格。

(3)实验记录与数据处理。

①原始数据表(表 2-4-1、表 2-4-2)。

表 2-4-1　原始数据汇总表

实验号	进料量 $/(mL \cdot h^{-1})$	温度/℃		气相产物含量/%				液相产物含量/%			气量 $/(L \cdot h^{-1})$	液量 $/(mL \cdot h^{-1})$
		预热器	反应器	乙烯	乙醇	乙醚	水	乙醇	乙醚	水		

表 2-4-2　色谱检测产物校正因子(f_M)表

乙烯	乙醇	乙醚	水
2.08	1.39	0.91	3.03

注：f_M 为热导检测器的摩尔校正因子。

②实验数据整理汇总表(表 2-4-3)。

表 2-4-3　实验数据整理汇总表

实验号	反应温度/℃	乙醇进料量/(mL·h^{-1})	产物组成/mol				乙醇转化率/%	乙烯收率/%
			乙烯	乙醇	乙醚	水		

其中：

A. 组成。

$$X_i = \frac{A_i f_i}{\sum_{j=1}^{n} A_j f_i} \times 100\% \tag{2-4-1}$$

式中，X_i 为组分 i 的摩尔含量，%；A_i 为组分 i 的色谱峰面积值，m^2；f 为校正因子；n 为尾气中所含组分数。

B. 转化率。

$$X_{\mathrm{ethanol}} = \frac{n_f}{n} \times 100\% \tag{2-4-2}$$

式中，X_{ethanol} 为乙醇转化率，%；n 为原料乙醇量，mol；n_f 为乙醇用量，mol。

C. 乙烯收率。

$$Y_{\mathrm{ethylene}} = \frac{n_s}{n} \times 100\% \tag{2-4-3}$$

式中，Y_{ethylene} 为乙烯收率，%；n 为原料乙醇量，mol；n_s 为生成的乙烯量，mol。

2.4.7　实验注意事项

(1)流化床反应器在高温下操作，须防止触碰上、下两端高温部分。

(2)实验原料和产物均为易燃易爆、有毒物质，须保证实验室通风装置及报警器运行正常。

(3)长期不使用乙醇脱水流化床装置时，应将该装置放在干燥通风的地方。如果再次使用，那么一定要在低电流下通电加热一段时间，以除去加热炉保温材料吸附的水分。

(4)特别提醒注意:电源插头必须有相、中、地线三点插头,地线一定要与设备的接地线连通良好,以防止触电。

2.5　乙醇溶液恒沸精馏制备无水乙醇实验

2.5.1　实验名称

乙醇溶液恒沸精馏制备无水乙醇实验。

2.5.2　实验目的

(1)通过实验加深对恒沸精馏过程的理解。

(2)熟悉特殊精馏设备的构造,掌握特殊精馏操作方法。

(3)熟悉装置的测试元件、仪表、控制元件及控制原理和控制方案。

(4)能够对特殊精馏过程做全塔物料衡算。

(5)学会使用气相色谱分析液相组成。

2.5.3　实验原理

精馏是利用不同组分在气-液两相间的分配,通过多次气-液两相间的传质和传热来达到分离的目的。对于不同的分离对象,精馏的具体分离方法也会有所差异。例如,用普通精馏分离乙醇-水溶液时,最高只能得到浓度为95.57%(wt)的乙醇。这是由于乙醇与水形成均相最低恒沸物的缘故,其恒沸点78.15 ℃与乙醇的沸点78.0 ℃十分接近,因此可得到浓度95%左右的乙醇而无法得到无水乙醇。为得到无水乙醇,可采用在乙醇-水系统中加入恒沸剂的方法,恒沸剂具有能与被分离系统中的一种或几种物质形成最低恒沸物的特性。在乙醇-水恒沸精馏过程中,恒沸剂将以恒沸物的形式从塔顶蒸出,塔釜则可得到无水乙醇,这种方法称为恒沸精馏,属于特殊精馏的一种。由乙醇溶液制备无水乙醇,可采用恒沸精馏或者萃取精馏的方法。

实验室中恒沸精馏过程的研究主要包括以下几个内容。

2.5.3.1　恒沸剂的选取

恒沸精馏的关键在于恒沸剂的选取,一个理想的恒沸剂应该满足如下几个条件：

（1）必须至少能与原溶液中一个组分形成最低恒沸物，希望此恒沸物比原溶液中任一组分的沸点或原来的恒沸点低 10 ℃以上。

（2）在形成的最低恒沸物中，恒沸剂的含量应尽可能少，以减少恒沸剂的用量，节省能耗。

（3）恒沸剂回收容易：一方面，希望形成的最低恒沸物是非均相恒沸物，可以减轻分离恒沸物的工作量；另一方面，在恒沸剂回收塔中，应该与其他物料有相当大的挥发度差异。

（4）应具有较小的汽化潜热，以节省能耗。

（5）价廉、来源广、无毒、热稳定性好与腐蚀性小。乙醇溶液制备无水乙醇的体系，适用的恒沸剂有苯、正己烷、环己烷、乙酸乙酯等，它们均能与水-乙醇形成多种最低恒沸物，包括二元最低恒沸物和三元最低恒沸物。其中，三元最低恒沸物在室温下可以分为两相，一相富含恒沸剂，另一相中富含水，前者可以作为塔顶回流循环使用，后者则很容易分离出来，这样使得整个精馏分离过程大为简化。

2.5.3.2　*决定恒沸精馏加料区*

具有恒沸物系统的特殊精馏进程与普通精馏不同，表现在特殊精馏产物不仅与精馏塔的分离能力有关，而且与进塔总组成落在哪个浓度区域有关。当在乙醇溶液中添加一定数量的恒沸剂进行精馏时，整个精馏过程可以用三角相图加以说明。图 2-5-1 中，3 个顶点 A、W、B 分别表示乙醇、水、恒沸剂苯纯物质，连线上的点 AWZ、BWZ、ABZ 分别代表 3 个二元最低恒沸物，相图中的点 T 为 A-W-B 三元最低恒沸物。以 T 点为中心，连接 3 种纯物质和 3 个二元最低恒沸组成点，则该三角形相图被分成 6 个小三角形。

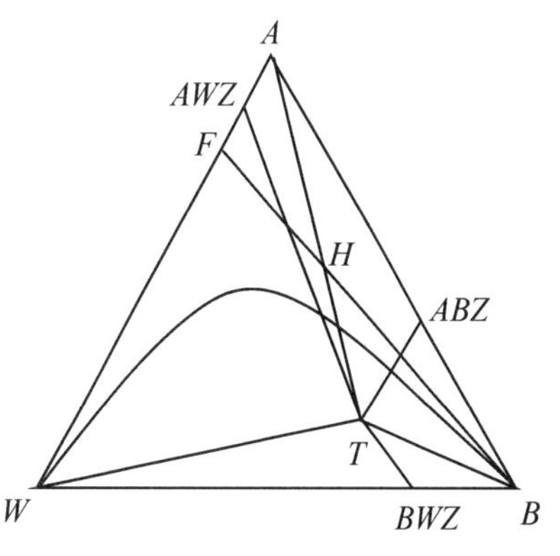

图 2-5-1　三角相图

当塔顶混相回流时，回流液的组成等于塔顶上升蒸气组成的情况，如果原料液的组成落在某个小三角形内，那么间歇精馏的结果只能得到这个小三角形 3 个顶点所代表的物质。为此，要想得到无水乙醇，就应保证原料液的总组成落在包含顶点 A 的小三角形内。除此之外，还应保证形成的恒沸物与乙醇的沸点相差较大。乙醇-水-苯恒沸物的性质如表 2-5-1 所列。

表 2-5-1 乙醇-水-苯恒沸物的性质

恒沸物	沸点/℃	组成/%(wt)		
		苯	乙醇	水
乙醇-水	78.15	0.00	95.57	4.43
苯-水	69.25	91.17	0.00	8.83
苯-乙醇	68.24	67.63	32.37	0.00
苯-乙醇-水	64.85	74.10	18.50	7.40

2.5.3.3 恒沸精馏回流方式及回流比的确定

恒沸精馏既可用于连续操作，又可用于间歇操作。恒沸精馏的回流方式分为混相回流和分相回流。将塔顶三元最低恒沸物冷凝后分成两相，一相为油相富含恒沸剂，一相为水相，利用分层器实现油相塔顶回流，这样恒沸剂的用量可以低于理论恒沸剂的用量。分相回流也是实际生产中普遍采用的方法。它的突出优点是恒沸剂用量少，恒沸剂分离的费用低。

2.5.3.4 恒沸剂的选择及用量的确定

图 2-5-1 中点 F 代表乙醇-水溶液的组成，随着恒沸剂的加入，原料液的总组成将沿着 FB 线变化，并将与所在的三角形线相交于两点，这两点分别为最大理论恒沸剂用量和最小理论恒沸剂用量，是达到分离目的所需的恒沸剂的用量范围。但在实际操作时，往往使用过量的恒沸剂，以保证塔釜脱水完全。这样，当塔顶三元最低恒沸物 T 出料完全以后，接着馏出沸点略高于它的二元恒沸物，而塔釜得到无水乙醇，这就是间歇操作特有的效果。

恒沸剂理论用量的计算可利用三角形相图按物料平衡式求解之。若原溶液的组成为 F 点，则加入恒沸剂 T 以后，物系的总组成将沿 FB 线向着 T 点方向移动。当物系的总组成移到所在三角形两条边之间时，恰好能将水以三元恒沸物的形式带出，因此可得到恒沸剂的理论用量。具体计算可采用杠杆定律求解。

2.5.4 实验装置及试剂

(1)特殊精馏实验装置 1 套，如图 2-5-2 所示。

(2)气相色谱仪 1 套。

(3)所用试剂无水乙醇和苯均为分析纯。

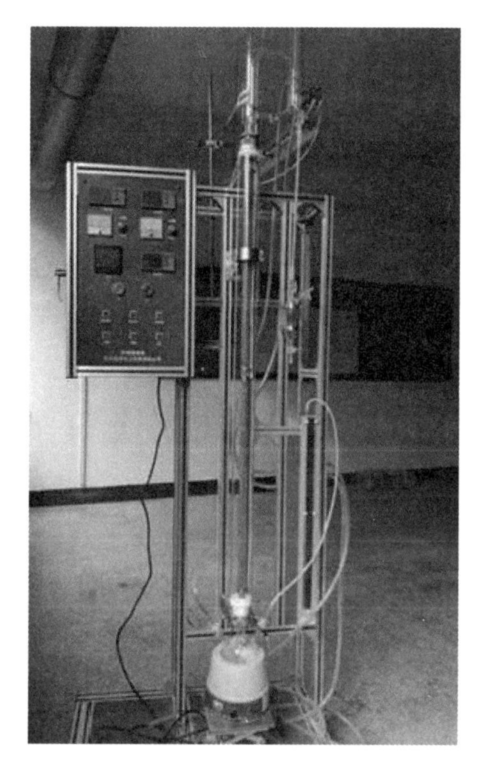

图 2-5-2 特殊精馏实验装置

2.5.5 实验操作

(1)称取一定量的乙醇溶液、水和一定量的苯(通过恒沸物用量计算),加入三口烧瓶中,对混合后的原料取样,进行色谱分析,确定其组成。

(2)向塔顶冷凝器中通入冷却水,开启塔釜电加热系统,调节加热温度为高于共沸温度 50～80 ℃。待釜液沸腾,蒸气上升到塔身后,开启塔身保温电源,可调节保温电流不高于 0.2 A,以使填料塔外壁具有一定的保温功能,减少上升蒸气的热损失。

(3)当塔顶温度改变后,蒸气上升至塔顶,塔顶温度稳定后全回流 0.5 h,使得全塔浓度、温度平衡,之后调节回流比 4∶1 采出。

(4)采出后每隔 0.5～1 h 塔釜液相取样分析,至达到釜液指定浓度,停止加热,关闭电源。

(5)待精馏塔冷却一段时间塔内无液滴流出后,分别取塔釜液和塔顶液称重,取样分析。

(6)关闭冷却水，结束实验。

(7)设计实验表格，记录实验各物质加入量、实验过程中各温度检测点数据、实验结果分析测试数据。

2.5.6　实验报告

(1)实验原理。

(2)实验装置及实验药品。

注明设备编号，列出药品名称、规格。

(3)恒沸剂的确定及恒沸剂用量的计算。

画出 25 ℃下的三元物系相图(图 2-5-3)，在图上标明恒沸物的组成点，画出计算恒沸剂的辅助线，计算恒沸剂的用量。

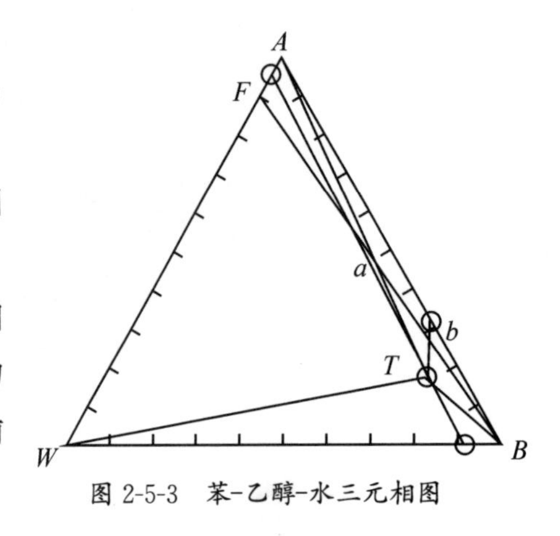

图 2-5-3　苯-乙醇-水三元相图

(4)实验记录。

填写实验各物质加入量表、实验过程中各温度检测点数据表、实验结果分析测试数据表。

(5)全塔物料衡算。

根据实验数据计算组分浓度，进行全塔物料衡算，推算本实验塔顶三元恒沸物的组成。

(6)误差比较及讨论。

比较本实验塔顶三元恒沸物推算组成与文献报道的差异，讨论造成差异的可能因素。

(7)改进实验建议。

(8)参考文献。

2.5.7　实验注意事项

(1)本装置以乙醇、苯为原料，原料均为易燃易爆化学品，故实验过程中应开启通风设备。

(2)本装置塔釜加热使用电加热设备，加热设备内温度高于 100 ℃，若操作不当或设备故障，则有可能造成电加热设备烧毁或引发火灾。实验过程中应观察塔釜三口烧瓶中的溶液量，不可烧干或者使塔釜液量过少。

(3)精馏塔塔顶气相物质采用冷凝器冷凝,塔顶冷凝器的循环水应在塔釜开始加热前开通并在塔釜加热停止后0.5 h关闭。

(4)塔釜温度较高,塔釜取样时应佩戴手套防止烫伤。

2.6　冷却塔性能测定实验

2.6.1　实验名称

冷却塔性能测定实验。

2.6.2　实验目的

(1)了解现代蒸发冷却系统的结构设计和操作特性。

(2)观察两相流中质热同时传递的过程,加深对两相流及其有关理论的理解和掌握。

(3)了解影响冷却塔性能的主要因素,掌握各种因素对冷却塔性能影响的测定方法。

2.6.3　实验原理

考虑热水滴或膜的表面与空气接触。假定水比空气热,则水被冷却的方式有下面几种:

(1)热辐射。在一般条件下,这个影响很小,可以忽略不计。

(2)热传导和对流。这个影响取决于传热速度、传热表面积和空气流速等。

(3)蒸发。这是最重要的影响因素。当水分子由其表面向周围空气扩散时,发生冷却。

湿表面分子向周围空气的蒸发速率是由液体表面上的水蒸气压即表面湿度下的饱和蒸气压和周围空气中的水蒸气压之间的差来确定的,而后者又是由空气的总压和相对湿度来确定的。在密闭空间中,蒸发能持续到直至两蒸气压相等为止,即空气达到饱和并与表面湿度相同。如果恒以不饱和空气循环,那么湿表面将达到一个平衡湿度,在这个温度下蒸发产生的冷却量等于由空气通过热传导和对流的方式传递给液体的热量，并且在这个条件下，这个温度最低。在绝热条件下，表面达到的平衡温度即湿球温度。如果冷却塔的容积无限大，并且塔内的空气以一个适当的速率流动，那么水将在入口空气的湿球温度下离开塔。根据这点，可以用水离开冷却塔的温度和此时湿球温度之间的差来表示冷却塔的效率。因此，“接近湿球温度”就成为评价冷却塔性能的重要参数，并且它也成为试验、强化、设计和选择冷却塔的重要参数之一。

当冷却塔有填料时，由于两种流体常以逆流方式通过塔，因此空气的温度、湿度和水的温度都变化了。所以影响冷却塔性能的因素较多，有下面几种：①空气的流速；②水的流速；③水的温度；④入口空气的温度（特别是湿球温度）和湿度；⑤使用填料的类型；⑥填料的表面积和体积。在冷却塔实验中可以通过改变这些因素进行测定，从而获得对冷却塔性能的全面评价。

2.6.4　实验装置及试剂

(1)冷却塔实验装置1套，如图2-6-1所示。

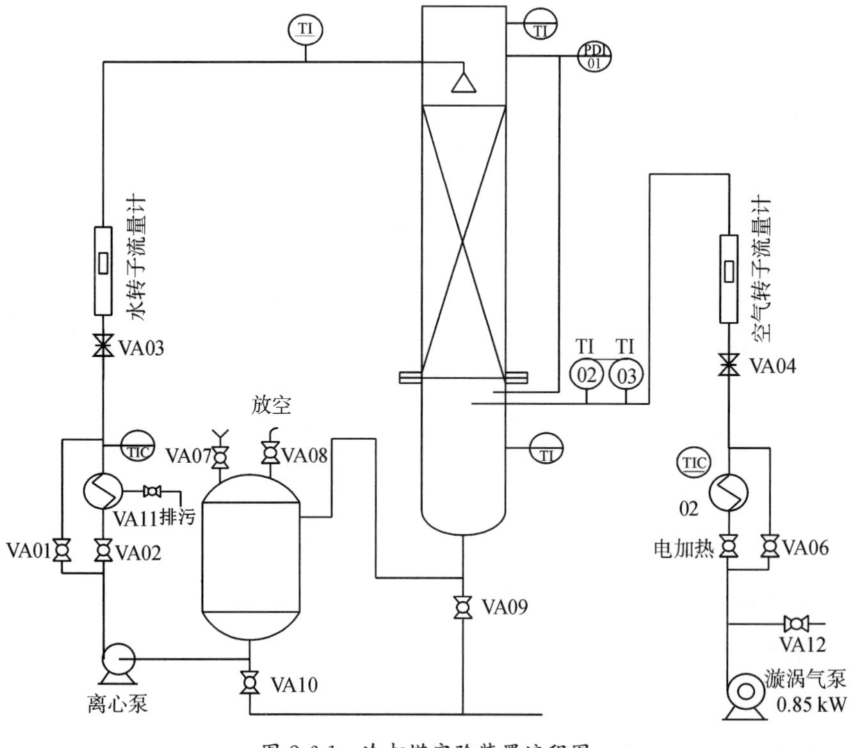

图2-6-1　冷却塔实验装置流程图

2.6.5　实验操作

(1)通过液位计观察循环水罐内的水位是否处于液位计的70%～80%,少于70%时需要补充蒸馏水;开启VA07,通过加水口补充蒸馏水。

(2)检查装置外供电是否正常供电(空开是否闭合等)。

(3)检查各阀门是否关闭。

(4)打开阀门VA01,启动离心泵,调节液体流量调节阀VA03至实验所需流量;全开气泵旁路调节阀VA12,打开阀门VA06,启动旋涡气泵,调节旁路调节阀VA12和主路气体流量调节阀VA04至实验所需气量。

(5)当液体需要加热时,需要开启可加热支路开关阀VA02,关闭VA01,然后开启加热开关;若气体需要加热,则打开气体可加热支路阀门VA05,关闭VA06,然后打开电加热控制开关,电加热控制分为固定加热和可调加热。为提高加热效率,在目标温度和实际温度相差较多,如20 ℃以上时,可同时开启固定加热和可调加热;待温度升高至温差在20 ℃以内时,关闭固定加热,靠可调加热升温至目标温度。正常运行时,实际温度和目标温度会有±0.5～1 ℃的误差,此误差属正常范围。

(6)实验结束后,打开转子流量计调节阀、液体储罐放净阀、塔体放净阀和加热器放净阀,将装置内的液体放净,防止设备长时间不使用时残留液体对设备的腐蚀。

2.6.6　实验报告

(1)实验目的。

(2)实验原理。

(3)实验装置及实验药品。

注明设备编号,列出药品名称、规格。

(4)实验记录(表2-6-1～表2-6-3)。

大气压力,实验水、空气流量记录,实验过程各温度测试数据记录表。

表2-6-1　液体进塔温度对“接近湿球温度”的影响

序号	$T_{水进}$/℃	$T_{气入干}$/℃	$T_{气入湿}$/℃	$T_{水出}$/℃	ΔT/℃

注:水流量为150 L/h,气体流量为40 m^3/h。

表 2-6-2 空气流量对“接近湿球温度”的影响

序号	气体流量/($m^3 \cdot h^{-1}$)	$T_{气入干}$/℃	$T_{气入湿}$/℃	$T_{水出}$/℃	ΔT/℃

注：水流量为 150 L/h，进塔温度为 60 ℃。

表 2-6-3 入口空气相对湿度对冷却塔性能的影响

序号	$T_{气入干}$/℃	$T_{气入湿}$/℃	$T_{水出}$/℃	$T_{水进}$/℃	ΔT/℃

注：水流量为 150 L/h，进塔温度为 60 ℃，通过调节进塔气体分温度来改变气体的相对湿度。

(5)实验结果分析讨论及结论。

根据实验数据，分析液体进塔温度对“接近湿球温度”的影响，分析空气流量对“接近湿球温度”的影响，分析入口空气相对湿度对冷却塔性能的影响。

(6)改进实验建议。

(7)参考文献。

2.6.7 实验注意事项

(1)在启动风机前，应检查三相动力电是否正常，若缺相，则极易烧坏电机；为保证安全，应检查接地是否正常。

(2)离心泵启动前，要确认出口管路调节阀是关闭状态；旋涡鼓风机启动前，必须保证旁路调节阀是全开状态。

(3)实验操作过程中，若要加热液体，则一定要先打开加热管路对应阀门，待离心泵启动，调节液体流量调节阀后，才能开启对应管路电加热，严禁干烧；若要加热气体，则一定要先打开加热管路对应阀门，调节气动调节阀至实验所需流量，然后设置加热温度后，方可启动电加热。

(4)实验过程中应观察循环水罐中的水位，同时注意发生跑水、漏电、数据信号传输异常等。实验过程中须注意自身安全，操作过程中不可触碰动力设备及加热装置。

(5)实验结束后及时将液体储罐、换热器及塔体内的液体放净，防止液体对设备的腐蚀。特别在室内温度低于冰点时，设备残留液体结冰会严重损坏连接部件的密封性。

(6)此设备用电为 220 V,禁止非工作人员私自打开。

2.7 比表面积及孔径分布测定实验

2.7.1 实验名称

比表面积及孔径分布测定实验。

2.7.2 实验目的

(1)理解并应用多层吸附理论公式(BET 方程)计算比表面积。

(2)学会使用 JW-BK112 型分析仪测定比表面积及孔径分布。

(3)掌握 JW-BK112 型分析仪的工作原理和相应的软件操作。

2.7.3 实验原理

比表面积是单位质量物质的总表面积,孔径分布是指粉体表面存在的微细孔的容积随孔径尺寸的变化率,二者都是超细粉体材料特别是纳米材料最重要的物性之一。测定比表面积和孔径分布的方法很多,其中氮气吸附法是最常用、最可靠的方法之一。

2.7.3.1 氮气吸附法测比表面积

任何粉体表面都有吸附气体分子的能力,在液氮温度下,在含氮的气氛中,粉体表面会对氮气产生物理吸附;在回到室温的过程中,吸附的氮气会全部脱附出来。当粉体表面吸附了完整的一层氮分子时,粉体的比表面积可由下式求出:

$$S_g=\frac{N\cdot A_m\cdot V_m}{22\ 400W}\times 10^{-18} \tag{2-7-1}$$

式中,S_g 为粉体的比表面积,m^2/g;N 为阿伏伽德罗常数;A_m 为每个氮分子所占的横截面积,0.162 nm^2;V_m 为样品表面单层氮气饱和吸附量,mL;W 为样品的重量,g。

标准状态下,1 mol 气体中的分子数为 6.023×10^{23} 个;1 mol 气体在标准状态下的体积为 22.4 L 或 22 400 mL,把 N 和 A_m 的具体数据代入

上式，得到氮吸附比表面积的基本公式为

$$S_g=\frac{4.36V_m}{W} \tag{2-7-2}$$

吸附仪的作用在于测出粉体表面的氮吸附量，进而计算出比表面积。按照测量氮吸附量方法的不同，氮吸附仪可分为连续流动色谱法、静态容量法、静态质量法3种。

2.7.3.2　BET比表面积的测定（多层吸附理论）

BET比表面积的测定方法遵循多层吸附理论。从式（2-7-2）可知，用氮气吸附法测定比表面积时，必须知道粉体表面对氮气的单层饱和吸附量V_m。而实际的吸附并非是单层吸附，而是所谓的多层吸附，通过对气体吸附过程的热力学与动力学分析，发现了实际的吸附量V与单层饱和吸附量V_m之间的关系，这就是著名的BET方程：

$$\frac{p}{V(p_0-p)}=\frac{1}{V_m \cdot C}+\frac{C-1}{V_m \cdot C} \cdot \frac{p}{p_0} \tag{2-7-3}$$

式中，p为氮气分压，kPa；V为单位重量样品表面的氮气吸附量，mL；p_0为在液氮温度下氮气的饱和蒸气压，kPa；V_m为单位重量样品表面的单分子层氮气饱和吸附量，mL；C为与材料吸附特性相关的常数。

BET方程适用于氮气相对压力$\frac{p}{p_0}$在0.05～0.35范围的情况。从式（2-7-3）可以看出，求比表面积的关键是用实验测出不同相对压力$\frac{p}{p_0}$下所对应的一组平衡吸附体积，然后用$\frac{p}{V(p_0-p)}$对$\frac{p}{p_0}$作图，可得到如

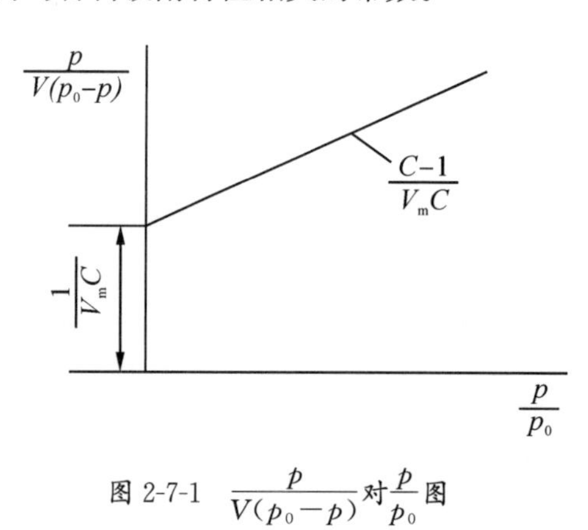

图2-7-1　$\frac{p}{V(p_0-p)}$对$\frac{p}{p_0}$图

图2-7-1所示的直线，直线在纵轴上的截距是$\frac{1}{V_m \cdot C}$，直线的斜率为$\frac{C-1}{V_m \cdot C}$，这样就可以求得$V_m=\frac{1}{截距+斜率}$。

2.7.3.3　孔径分布的测定与计算方法

用氮气吸附法测定孔径分布是比较成熟且被广泛采用的方法，它是

氮气吸附法测定 BET 比表面积的一种延伸，都是利用氮气的等温吸附特性。在液氮温度下，氮气在固体表面的吸附量取决于氮气的相对压力 p/p_0，当 p/p_0 在 0.05～0.35 范围内时，吸附量与 p/p_0 符合 BET 方程，这是测定 BET 比表面积的依据；当 $p/p_0 \geqslant 0.4$ 时，毛细凝聚现象的产生可成为测定孔径分布的依据。

所谓毛细凝聚现象，是指在一个毛细孔内，若能因吸附作用形成一个凹形的液氮面，则与该液面成平衡的氮气压力 p 必小于同一温度下平液面的饱和蒸气压力 p_0。毛细孔直径越小，凹液面的曲率半径越小，与其相平衡的氮气压力越低。换句话说，当毛细孔直径较小时，可在较低的氮气分压 p/p_0 下形成凝聚液，但随着孔尺寸增加，只有在高一些的 p/p_0 压力下才能形成凝聚液。显而易见，毛细凝聚现象的发生使得样品表面的氮气吸附量急剧增加，因为有一部分氮气被吸附进入微孔中并成为液态，因此当固体表面全部孔中都被液态吸附质充满时，吸附量达到最大，而且相对压力 p/p_0 也达到最大值。相反的过程也是一样的，当降低吸附量达到最大(饱和)的固体样品的表面相对压力时，首先大孔中的凝聚液脱附出来，随着压力的逐渐降低，由大到小的孔中的凝聚液分别脱附出来。假定粉体表面的毛细孔是圆柱形管状，把所有微孔按直径大小分为若干孔区，这些孔区按从大到小的顺序排列，不同直径的孔产生毛细凝聚的压力条件不同，那么在脱附过程中，相对压力从最高值 p_0 向下降低时，先是大孔再是小孔中的凝聚液逐一脱附出来。产生吸附凝聚现象或从凝聚态脱附出来的孔尺寸和吸附质的压力有一定的对应关系(凯尔文方程)：

$$r_k = \frac{-0.414}{\log(p/p_0)} \tag{2-7-4}$$

r_k 为凯尔文半径，它完全取决于相对压力 p/p_0，它是在某一 p/p_0 下开始产生凝聚现象的孔的半径，同时可以理解为当压力低于这一值时，半径为 r_k 的孔中的凝聚液将气化并脱附出来。进一步分析表明，在发生凝聚现象之前，在毛细管壁上已经有了一层氮的吸附膜，其厚度 t 也与相对压力 p/p_0 相关。赫尔赛方程给出了这种关系：

$$t = 0.354\left[\frac{-5}{\ln(p/p_0)}\right]^{\frac{1}{3}} \tag{2-7-5}$$

与 p/p_0 相对应的开始产生凝聚现象的孔的实际尺寸 r_p 应修正为

$$r_p = r_k + t \tag{2-7-6}$$

显然，由凯尔文半径决定的凝聚液的体积是不包括原表面 t 厚度吸附层的孔心的体积，r_k 是不包括 t 的孔心的半径。

只要在不同的氮分压下测出不同孔径的孔中脱附出的氮气量，最终便可推算出这种尺寸孔的容积。具体步骤如下：

第一步，氮气分压从 p_0 下降到 p_1，这时在尺寸从 r_0 到 r_1 孔中的孔心凝聚液脱附出来，通过氮吸附仪求得压力从 p_0 下降到 p_1 时样品脱附出来的氮气量，便可求得尺寸为 r_0 到 r_1 的孔的容积。

第二步，把氮气分压再由 p_1 下降到 p_2，这时脱附出来的氮气包括了两个部分：第一部分是 r_1 到 r_2 孔区的孔心中脱附出来的氮气，第二部分是上一孔区 r_0 到 r_1 的孔中残留吸附层的氮气由于层厚的减少而脱附出来的氮气，通过实验求得氮气的脱附量，便可计算获得尺寸为 r_1 到 r_2 的孔的容积。

以此类推，第 i 个孔区的孔容积为

$$\Delta V_{pi} = (\overline{r_{pi}}/\overline{r_{ci}})^2 \left(\Delta V_{ci} - 2\Delta t_i \sum_{j=1}^{i=1} \Delta V_{pj}/r_{pj}\right) \tag{2-7-7}$$

ΔV_{pi} 是第 i 个孔区，即孔半径从 $r_{p(i-1)}$ 到 r_p 之间的孔的容积；ΔV_{ci} 是测出的相对压力从 $p_{(i-1)}$ 降至 p_i 时固体表面脱附出来的氮气量并折算成液氮的体积；最后一项是大于 r_i 的孔中由 Δt_i 引起的脱附氮气，它不属于第 i 孔区中脱出来的氮气，需从 ΔV_{ci} 中扣除；$(\overline{r_{pi}}/\overline{r_{ci}})^2$ 是一个系数，它把半径为 r_c 的孔体积转换成 r_p 的孔体积。当孔径很小时，由 Δt 引起的气体脱附量（圆环状体积）不能用近似平面的方法计算，对此项加以适当校正后就是常用的 BJH 方法。

2.7.4　实验装置及试剂

（1）比表面积及孔径分析仪 1 套，如图 2-7-2 所示。

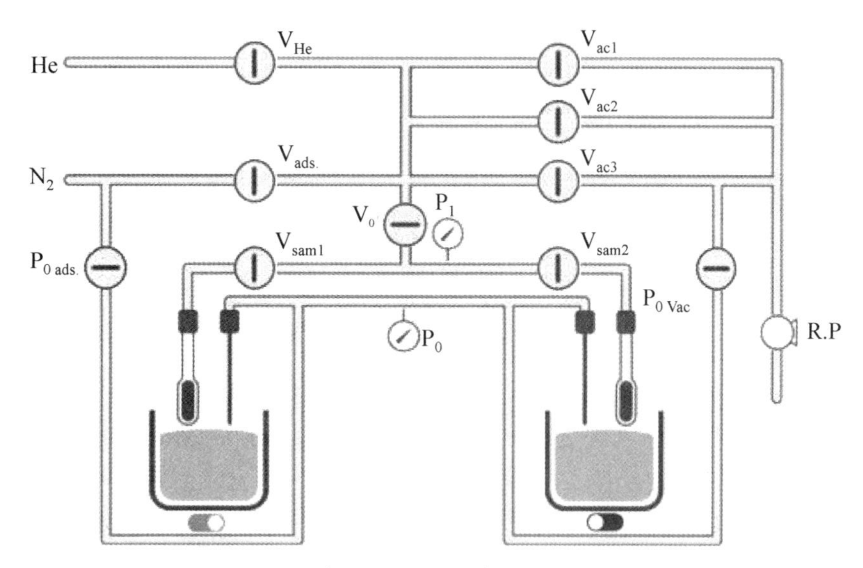

图 2-7-2　比表面积及孔径分析仪结构及流程图

2.7.5　实验操作

(1)开机,打开气体钢瓶分压阀调节到 0.1 MPa,打开仪器电源、真空泵、电脑软件。

(2)测试大气压,打开软件,拆下仪器一侧的样品管,点击气路控制,选中样品室 1、样品室 2,点击重置,记录压力(若仪器带有 P_0 管,可以实现饱和蒸气压的实时测试,则此步可以省略)。

(3)在仪器的两个测试位置接上空管,点击纯化气路。纯化气路的目的在于置换气路中不纯的气体,故此纯化气路只需在关机重新开机时启用,仪器连续进行实验时不需要纯化气路。仪器关机超过 2 周,再次启用时,需要纯化气路 2 次,再抽真空 12 h 之后才可以按正常流程使用。注意定时更换真空泵泵油。

(4)称样,取一定质量的样品,材料的实际比表面积越大取样量越少(大于 200 g 时称量 0.1 g,考虑失重)。先称空管的质量,后用称量纸称取一定质量的样品用漏斗加入样品管中,最后再称一次总重。用手拿样品管时,应该戴上手套,防止手上的汗液污染样品管外壁影响称量。

(5)纯化完毕后充氮气到 100 kPa 安装样品管,套上防挥发盖、螺母、钢垫和橡胶垫。注意橡胶垫上端距离管口 1.1 cm 左右,垂直将样品管插入相应的位置,要向上推动,注意使用的力度,防止将管口压碎。

(6)样品预处理,套上加热包,设置温度、时间,加热开始。测试大比表面积或粉体状物质时，预处理要特别小心，一定要缓慢打开样品管旋塞，切不可猛开，防止样品被抽上来。比重大的样品可以直接预抽。比重小的样品处理：点击软件气路控制按钮，选中样品室1、样品室2(若只有一个样品位置，则只需选中一个就可以了)、外气室，点击重置。先真空1 kPa抽到80 kPa，停止抽真空；加热5 min之后点击先开真空1，抽到6～7 kPa后关闭真空1，然后开真空2；抽到2 kPa后开真空1；抽到0.8 kPa后开真空3、P_0抽真空。至加热结束，取下加热套。预实验结束时，加热包不要放到托盘之下，防止托盘下降压到。

(7)准备液氮：加热完成后，将液氮倒入液氮杯中，用量具控制好液氮面，将液氮杯放置托盘上，使样品管位于杯口中央。液氮面应保持规定的高度，液氮杯在托盘上时不要盖盖子；液氮杯上升后，托盘下方不能放置物品；液氮杯下降后立即将液氮杯拿开，盖上盖子放在安全地方；实验结束后，注意液氮的回收。

(8)测试比表面积(孔径)：在实验设置中选择比表面实验或介孔-孔径一体化测试，进行样品信息及其他参数设置，其中V_d为固定参数，不要修改，Q选中自动测试，p_0输入记录压力(带p_0选自动测定)；压力按表2-7-1～2-7-5设置，其他采用默认即可。设置完毕后，再点击确定，注意观察液氮杯的口与样品管是否对准中心位置，点击上升按钮，上升托盘分阶段上升至样品管卡头下端，将防液氮挥发盖压紧。若上升过程中出现问题，则可点击下降按钮，使托盘下降。

①比表面积压力设置。

表2-7-1　比表面积压力设置表

项目	第一阶段	第二阶段
压力间隔/kPa	25	15
压力限制/kPa	2	28

②介孔压力设置。

表2-7-2　介孔吸附压力设置表

项目	第一阶段	第二阶段	第三阶段	第四阶段
压力间隔/kPa	10	12	14	5—7(大介孔9—14)
压力限制/kPa	5	28	90	93.3

表 2-7-3 介孔脱附压力设置表

项目	第一阶段	第二阶段
压力间隔/kPa	14	12
压力限制/kPa	70	20

③微孔压力设置。

表 2-7-4 微孔吸附压力设置表

项目	第一阶段	第二阶段	第三阶段	第四阶段
压力间隔/kPa	2	12	14	5～8(大介孔 9～14)
压力限制/kPa	5	28	84	87.8

表 2-7-5 微孔脱附压力设置表

项目	第一阶段	第二阶段
压力间隔/kPa	14	12
压力限制/kPa	70	20

(9)测试完毕，液氮杯下降到底部之后，立刻取走，放到实验人员不易碰到的地方，并盖上盖子。抽真空 10 min 左右，点击充氮气按钮，压力上升到 100 kPa。

(10)拆下样品管之前，一定要进行充气操作，充到 100 kPa 即可。取下样品管，核对样品质量(样品管恢复到室温，管壁无水珠)，重新称质量，输入最终的样品质量，然后保存再看测试报告。

(11)异常停止实验之后，先点击预抽按钮，等压力抽到低于 0.1 kPa 之后，点击下降按钮。

(12)关机：关闭仪器电源，关闭真空泵和钢瓶，将液氮杯的液氮倒回液氮罐中，剩余杯底少量的液氮丢掉即可。注意：仪器不运行时需安装空样品管。

2.7.6 实验报告

(1)实验原理。

(2)实验装置及实验样品。

注明各设备型号，列出样品名称、规格。

(3)实验记录。

实验预处理温度测定数据记录，孔径及比表面积的数据记录，物质实验前后质量记录，实验数据的导出作图及分析(曲线的类型)。

(4)误差比较及讨论。

比较本实验中所测定孔径、比表面积与文献报道的差异，讨论造成差异的可能因素。

(5)参考文献。

2.7.7 实验注意事项

(1)严格遵守实验室安全条例。

(2)液氮的温度为 77.35 K(−196 ℃)，在向仪器杜瓦瓶中倾倒液氮时，要缓慢加注，防止瓶体因为温度剧变而爆裂。

(3)移取液氮容器时要戴好防护手套、眼镜，穿实验服。不要裸露皮肤，小心液氮飞溅或洒落而造成冷烫伤。

(4)不要空手去触碰工作的真空泵以及拿正在脱气中的加热包、样品管、夹子等，以免烫伤。

(5)严格按照气瓶安全管理规定操作气瓶。

(6)离开实验室注意断水断电，关闭气瓶阀门。

2.8 免洗洗手液制备实验

2.8.1 实验名称

免洗洗手液制备实验。

2.8.2 实验目的

(1)制备免洗洗手液。

(2)通过实验熟练掌握磁力搅拌器、折射仪的使用方法。

2.8.3 实验原理

本实验选用的免洗洗手液的制备方法是在世界卫生组织指导意见的基础上优化形成的。免洗洗手液的主要成分为乙醇、甘油、卡波树脂和精油。其中：

(1)酒精浓度介于 70%～75%(体积分数)之间，能够溶解掉冠状病毒的脂质外套膜，并使其内部的蛋白质脱水变形凝固，使病毒失去活性。

(2)甘油属于多元醇保湿剂,用于减缓消毒过程中酒精挥发引起的皮肤皲裂。

(3)卡波姆 940 为以季戊四醇等与丙烯酸交联得到的聚合物,用于增稠、悬浮、稳定体系。

(4)三乙醇胺为无色至淡黄色透明黏稠液体,弱碱性,配合卡波树脂使用,用于调节混合液的酸碱性及黏度。

(5)柠檬醛为常见香料,用于为产品增香。

2.8.4　实验装置及试剂

(1)磁力搅拌器 1 台。

(2)数字阿贝折射仪 1 台,型号为 WAY-2S,如图 2-8-1 所示。

(3)无水乙醇(99.5%),甘油、柠檬醛均为食品级,卡波姆 940、三乙醇胺均为分析纯。

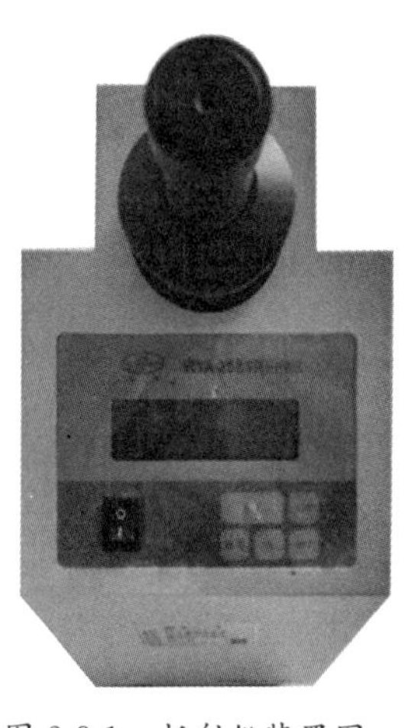

图 2-8-1　折射仪装置图

2.8.5　实验操作

(1)在烧杯中放入磁力转子(规格),倒入 60 mL 甘油、720 mL 无水乙醇、220 mL 水,放置于磁力搅拌器上。

(2)打开磁力搅拌器,设置转速,开始搅拌。搅拌过程中向烧杯中滴入 0.5 mL 柠檬醛,持续搅拌 5 min,直至溶液混合均匀。

(3)取 6 g 卡波姆 940,缓慢洒入上述溶液,并持续搅拌;使用超声清洗机均质化 30 min,直到卡波姆 940 完全溶胀。

(4)取 6 g 三乙醇胺,缓慢滴加入上述溶液,使用玻璃棒搅拌 10 min,直至溶液形成固体的凝胶质地。

(5)使用折射仪测试溶液的折射率并记录。

(6)将溶液封装进事前准备的分装瓶,贴标签。

2.8.6　实验报告

(1)实验目的。

(2)实验原理。

(3)实验装置图。

(4)实验步骤数据记录表。

实验数据记录无水乙醇、甘油、水的体积，卡波姆 940、三乙醇胺的质量，溶液的折射率值。

(5)实验结果讨论。

作为一名新时代的化工人，在日常生活中我们还可以做什么？

(6)改进实验建议。

(7)参考文献。

2.8.7　实验注意事项

(1)本实验要求无菌环境，请大家在实验过程中佩戴好口罩及弹力头套。

(2)对折射仪进行清理时，切勿反复擦拭，需使用酒精配合擦镜纸小心清理。

第三章 化工综合实验

3.1 VOCs 催化氧化性能测定实验

3.1.1 实验名称

挥发性有机化合物(Volatile Organic Compounds, VOCs)催化氧化性能测定实验。

3.1.2 实验目的

(1)掌握 VOCs 的危害和处理方法。

(2)熟悉 VOCs 催化氧化法的原理、流程和操作方法。

(3)掌握固定床反应器催化剂的填装办法。

(4)了解不同反应条件对催化反应的影响规律。

(5)了解气相色谱的工作原理和基本使用方法。

3.1.3 实验原理

VOCs 催化氧化实验一般可分为贵金属催化氧化实验和非贵金属催化氧化实验。贵金属催化剂的催化氧化反应一般遵循 Langmuir-Hinshelwood 的反应机理,如图 3-1-1 所示,是指在发生催化反应过程之前,所有的反应物都已经被吸附到催化剂表面,表面反应为控速步骤,本质为吸附粒子之间发生的反应。即两种反应物先吸附在固体催化剂上,金属活性组分被认为处于还原态,氧气在贵金属活性位上分解为氧自由基,同时 VOCs 气体在贵金属活性位上吸附,氧自由基进攻吸附的 VOCs 气体,在表面上发生反应,使 VOCs 分子化合物在催化氧化过程中转变成低分子化合物 CO_2、H_2O 等,再脱附离开催化剂表面,进行下一个反应过程。反应速度与两种反应物在催化剂表面的覆盖度成正比。

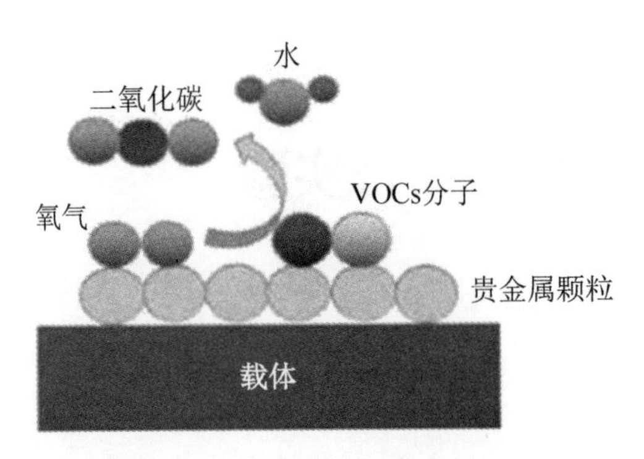

图 3-1-1　Langmuir-Hinshelwood 反应机理示意图

而非贵金属催化剂的催化氧化反应一般遵循 Mars-van Krevelen 反应机理，如图 3-1-2 所示，这种机理也被称为氧化还原机理，其实质为反应物与催化剂晶格氧离子反应。首先 VOCs 气体分子与催化剂中的晶格氧进行反应，生成 CO_2 和 H_2O，之后催化剂被解离吸附的氧补充氧空位而被重新氧化，氧空位消失，得以再生。催化剂恢复活性后进行下一个反应过程。

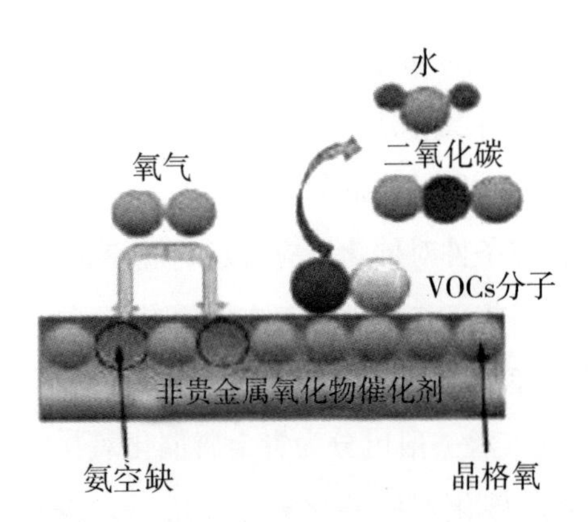

图 3-1-2　Mars-van Krevelen 反应机理示意图

实验过程中，在反应器出口处测得生成 VOCs、CO、CO_2 和 H_2O 的量，根据产物的产量即可判定催化剂在不同反应条件下的催化性能。

3.1.4　实验装置及试剂

(1)VOCs 催化氧化装置 1 套，如图 3-1-3 所示。

(2)所需用到的试剂主要为丙酮和催化剂。

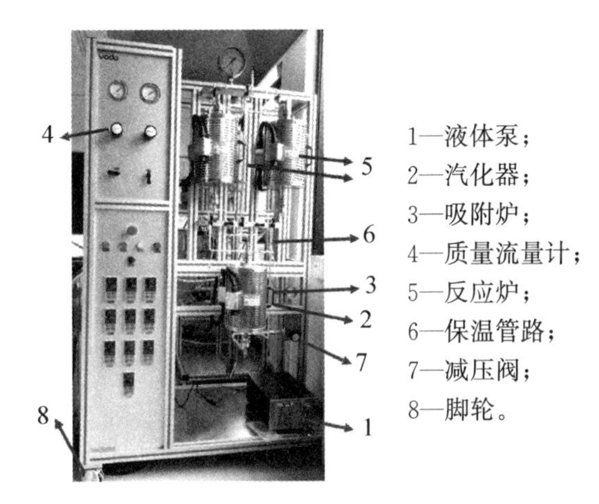

图 3-1-3 VOCs 催化氧化装置图

3.1.5 实验操作

(1)使用扳手、螺丝刀将反应器入口和出口管道的螺丝拧下，使用扳手松开热电偶的固定螺丝，将固定床反应器中的不锈钢反应管取出；再利用特制螺丝刀将不锈钢反应管一端的固定螺丝拧开，横置反应管，缓慢将内置的石英反应管取出。

(2)在通风橱中称取 VOCs 催化氧化催化剂 0.5 g，将催化剂缓慢倒入石英反应管内中间位置，并用石英棉固定催化剂，防止其移动或脱落，将石英管放入不锈钢反应管中并拧上固定螺丝。

(3)将不锈钢反应管放置在固定床中，插入热电偶，连接反应入口和出口管道，拧紧固定螺丝，并利用肥皂水进行气密性检查。

(4)打开氮气瓶开关，打开固定在墙上的减压阀开关，调节减压阀至压力表压力为 0.4 MPa；打开 VOCs 反应装置电源开关，设置载气流量为 100 mL/min；打开相关管路开关，查看气路是否畅通、流动瓶中是否有气泡冒出。

(5)打开空气发生器、氢气发生器和气相色谱开关，打开色谱升温程序，并等待其升至预定温度，调大氢气流量，点击点火按钮，看色谱顶部有水蒸气后，缓慢降低氢气流量。

(6)设定 VOCs 反应装置反应器流量为 100 mL/min，设定液体(丙酮)进样流量为 100 μL/min，设定气化器温度为 120 ℃、预热器温度为 200 ℃、反应管路保温温度为 200 ℃、反应器反应温度为 200 ℃，待其升至预定温度。

(7)气相色谱和反应装置升至预定温度后，点击气相色谱进样按钮，获得反应流出物相关结果。

(8)分别调节反应器反应温度至 230 ℃、260 ℃、290 ℃、320 ℃、350 ℃，待到达预定温度后，分别点击进样按钮，获得不同反应温度下的丙酮峰面积和 CO_2 峰面积，并做记录。

(9)实验数据记录完毕后，将色谱和反应器的所有加热开关关闭，降至室温后，关闭色谱开关，调节 VOCs 反应装置载气流量和反应器流量以及液体进样流量均为 0 mL/min，关闭空气发生器和氢气反应器，关闭墙上载气和氮气钢瓶载气。

(10)实验结束。

3.1.6 实验报告

(1)实验原理。

(2)实验装置及实验药品。

注明设备编号，列出药品名称、规格。

(3)实验记录。

载气、空气和丙酮进入 VOCs 催化氧化装置的量，实验过程各温度测试数据记录表，实验样品测试数据表。

(4)实验结果分析。

根据实验数据计算不同温度下催化氧化实验中丙酮的转化率、CO_2 的产率，并绘制温度与丙酮转化率的关系图。

(5)误差比较及讨论。

推算反应过程与文献报道的差异，分析造成差异的可能因素。

(6)改进实验建议。

(7)实验心得和体会。

(8)参考文献。

3.1.7 实验注意事项

(1)本实验涉及气体钢瓶的使用，气体钢瓶需固定，减压阀操作与气路检漏须按标准流程进行。

(2)本实验涉及的丙酮气体属于易燃易爆有毒化合物，故液相丙酮取样应在通风橱中进行，并佩戴护目镜、手套和口罩，且实验过程中应开启通风设备。

(3)仪器使用电加热设备，温度高于 100 ℃，若操作不当或设备故障，则有可能造成电加热设备烧毁或引发火灾。

(4)实验试剂、药品不得随意丢弃，实验过程中产生的废液、废物须放入指定容器，需要回收的药品应放入指定回收瓶。

(5)实验结束后应仔细洗手，防止化学药品中毒。值日生应仔细检查水、电、气、门/窗等是否关闭。

3.2　分子筛催化剂活化与成型实验

3.2.1　实验名称

分子筛催化剂活化与成型实验。

3.2.2　实验目的

(1)了解工业催化剂使用前的活化预处理、粉体造粒成型的目的及意义。

(2)理解分子筛催化剂的酸活性来源以及离子交换活化的原理。

(3)熟悉离子交换活化预处理的操作过程。

(4)熟悉固体催化剂的粒径控制方法。

(5)掌握压片、挤条方式对粉体催化剂造粒成型的方法及操作。

3.2.3　实验原理

3.2.3.1　分子筛离子交换活化预处理

分子筛催化剂是一种重要的固体酸催化剂，表面具有较强的酸中心，同时微孔内有强大的库仑场起极化作用，使其具有优异的催化性能，可诱导诸如正碳离子反应等过程，广泛应用于催化裂化、芳构化、烷基化等石油加工过程。

分子筛的化学组成通式为 $M_{2/n}O \cdot Al_2O_3 \cdot xSiO_2 \cdot pH_2O$。式中，M 代表金属离子；$n$ 代表金属离子价数；x 代表 SiO_2 的摩尔数，也称为硅铝比；p 代表 H_2O 的摩尔数。分子筛骨架的最基本结构是 SiO_4 和 AlO_4 四面体，通过共有的氧原子结合而形成三维网状结构的结晶。这种结合形式构成了具有分子级、孔径均匀的孔洞及孔道。

分子筛在制备过程中通常引入金属(通常为碱金属)阳离子来平衡体系的电荷,因此得到的分子筛呈电中性。在水溶液中,金属阳离子很容易与其他阳离子交换。其中,金属阳离子被 H^+ 交换后得到的分子筛,表面具有丰富的质子酸,是一种酸性很强的固体酸,在酸催化反应中能够提供很高的催化活性。分子筛的酸性主要来源于骨架上和孔隙上三配位的铝原子和铝离子,经离子交换后得到的分子筛显 Brönsted(B)酸位中心;经高温处理后,分子筛会发生部分脱水,暴露出部分骨架铝原子,产生的骨架外的铝离子会强化酸位,形成 Lewis(L)酸位中心。因此,分子筛在作为催化剂使用前,必须经过离子交换预处理,形成表面酸活性位。

离子交换预处理可通过能提供 H^+ 的铵盐溶液或酸溶液(常见的离子交换试剂有硝酸铵、氯化铵、盐酸)与新鲜制备出的分子筛接触,使分子筛内的金属阳离子与铵盐溶液或酸溶液中的 NH_4^+ 或 H^+ 发生离子交换作用,结果铵盐上的 NH_4^+ 或 H^+ 转移到分子筛上,金属阳离子转移至液相,再经高温煅烧活化,使分子筛形成酸活性位。(图 3-2-1)通常可重复交换,以提高离子交换率。

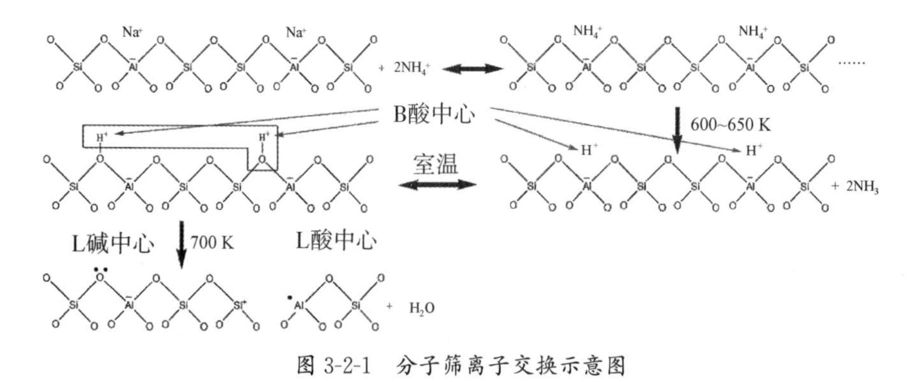

图 3-2-1　分子筛离子交换示意图

3.2.3.2　粉体催化剂的成型

多相催化剂多为内扩散控制过程,较小的催化剂颗粒可以减小内扩散的影响,提高催化剂的表面利用率,从而提高反应活性,甚至改变催化剂的选择性。通常用效率因子 η 来表示传质过程对化学反应速率的影响。

等温条件下:

$$\eta=\frac{R}{kC^n} \tag{3-2-1}$$

式中，R 为有效扩散速率，mol/(L·s)；kC^n 为无内扩散的反应速率，mol/(L·s)；η 为取决于催化剂颗粒的席勒模数。

影响效率因子 η 的主要因素有：催化剂的颗粒尺寸、颗粒孔隙率、内孔径、孔道的曲折程度以及催化剂本身的几何形状等。在压力允许的条件下，尽可能采用粒径均匀且颗粒尺寸较小的催化剂，以降低颗粒内部的传质阻力，提高催化性能。然而，在工程应用过程中，还要综合考虑催化剂的机械强度以及反应器的填装性能。因此，新鲜制备出的催化剂粉体需要进行成型操作。

催化剂的成型是指将各类粉体、颗粒、溶液或者熔融体催化剂原料，在一定的压力下相互聚集，制成具有一定形状、大小和机械强度固体颗粒的单元操作过程。这一过程是固体催化剂生产中不可缺少的工序，对催化剂的反应活性、机械强度以及填装性能都有很大的影响。

可根据催化反应及反应器的具体要求，通过成型加工，提供适宜形状、大小以及机械强度的催化剂颗粒，减小流体流动所产生的压降，防止发生沟流，获得均匀的流体流动，尽可能地发挥催化剂的催化活性，延长催化剂的使用寿命。常见的成型催化剂形态如图 3-2-2 所示。

图 3-2-2　常见的成型催化剂形态

催化剂的成型应在保证机械强度及压降允许的前提下，尽可能地提高催化剂的表面积和活性位的利用率。为保证这一要求，除了采用不同的成型方法外，还可以采用加入助剂提高黏结性和润滑性、加入造孔剂等方式。常见的催化剂成型方法有压缩(片)成型法、挤出成型法、滚动成型法和喷雾成型法,下面主要介绍压缩(片)成型法和挤出成型法。

(1)压缩(片)成型法。

压缩(片)成型是将催化剂粉体置于特定体积的模具中,通过物理压缩的方法使之成型。压缩过程中,催化剂粉体的空隙减小,颗粒发生变形,颗粒间的接触面展开、黏附力增强,粉体致密化。压缩过程依次经过填充阶段、增稠阶段、压紧阶段、变形和损坏阶段以及出片阶段。

压缩(片)成型法的优点:

①成型产物粒径一致,质量均匀;

②可获得堆积密度较高的产品,催化剂强度好;

③成型颗粒表面较光滑;

④可以采用干粉成型,或添加少量黏结剂成型,避免或减少干燥能耗以及催化剂成分损失。

压缩(片)成型法的缺点:

①成型过程由物理加压实现,成型机的冲头和冲模磨损严重;

②单台设备成型能力弱,特别是生产小粒径催化剂时;

③难以成型球形颗粒。

(2)挤出成型法。

挤出成型法一般采用连续螺杆式挤出装置或活塞式挤出装置。挤出成型过程可分为原料输送、压出、挤出和切条4个步骤。以连续螺杆式挤出装置为例,粉体物料经料桶送入装置,由螺杆将粉体向前推动(推进速率由螺杆转速、螺杆叶片轴向推力和催化剂粉体与螺旋叶片间的摩擦力决定),输送阶段桶内压力较低且均匀;随着粉体物料向前推进,螺旋叶片对粉体产生很强的压缩力,为了保证模头四周的挤出速率与中心处挤出速率相近,从而得到长度和密度均匀的型料,通常在筒体内设置一段均压段;粉体物料经压缩推进至模头时,物料经多孔板挤出呈条状,此时物料的压力迅速下降,产生一定量的径向膨胀;从模头挤出的条状催化剂经切条装置切断,得到等长度的条状型料。

催化剂挤出成型常采用湿法操作,即粉体原料需混合溶剂或黏结剂,先经过捏合机捏合,再送至挤出成型机成型,其中所使用的溶剂或黏结剂的种类、加入方式都会对产品催化剂的性能产生一定的影响。在成型分子筛催化剂时，常加入聚丙烯酰胺或田菁粉，以提高物料的黏度，增大物料颗粒间的摩擦力。挤出成型常见的黏结剂如表 3-2-1 所列。

表 3-2-1　挤出成型常见的黏结剂

序号	名称	物性			使用形式	使用目的
		结合力	溶剂	吸湿性		
1	水	弱			液体	普通结合剂
2	羟甲基纤维素	强	水、甲醇	有	液体、固体	增黏剂
3	甘油	无	水、甲醇	有	液体	增黏剂
4	淀粉	中	水	无	液体、固体	增黏剂、增量剂
5	甲基纤维素	中	水	有	液体、固体	增黏剂
6	聚乙烯醇	中	水	有	液体、固体	增黏剂
7	微晶纤维素	无	水	无	固体	增黏剂、可塑剂
8	铝溶胶	中	水	无	液体	增黏剂
9	水玻璃	中	水	无	液体	增黏剂

挤出成型法的优点：

①挤出产量高，适合大规模成型；

②具有自洁能力；

③物料混合充分，成型均匀度高；

④可配套不同模具，制备各类形状、尺寸的催化剂颗粒；

⑤配合自动切条，可实现连续生产。

挤出成型法的缺点：

①成本较高；

②挤出机结构复杂，易磨损。

3.2.4　实验装置及试剂

(1)分子筛离子交换设备 1 套，如图 3-2-3(a)所示。

(2)催化剂压片成型机 1 台，如图 3-2-3(b)所示。

(3)催化剂挤条成型机 1 台，如图 3-2-3(c)所示。

(4)所用试剂拟薄水铝石、田菁粉、硝酸、盐酸均为分析纯。

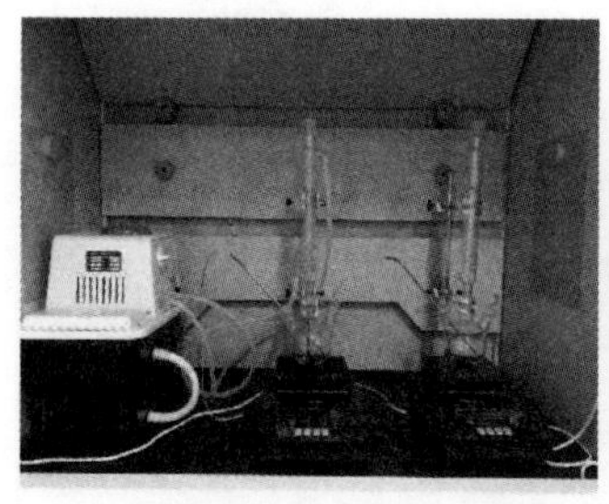

(a)分子筛离子交换设备

(b)压片成型机

(c)挤条成型机

图 3-2-3　实验设备图

3.2.5　实验操作

3.2.5.1　分子筛离子交换活化处理实验

(1)油浴设置温度为 80 ℃,烘箱设置温度为 120 ℃。

(2)在通风橱内配置 1 mol/L 交换液(氯化铵或盐酸)。

(3)称取 5 g 分子筛转移进三口烧瓶中,加入配置好的铵液(在通风橱内进行)。

(4)80 ℃搅拌(500 r/min)油浴 1 h。

(5)油浴结束后,抽滤,并用约 100 mL 水洗涤。

(6)样品放入鼓风干燥箱中,120 ℃干燥 1 h。

(7)干燥后放入坩埚,在马弗炉中 550 ℃煅烧(升温速率为 10 ℃/min,550 ℃停留 1 h)。

(8)取出称量、备用。

(9)自己设计实验记录表,记录实验过程、工艺条件等。

3.2.5.2　分子筛催化剂压片成型实验

(1)称取 2 g 离子交换活化处理后的分子筛催化剂样品。

(2)向压片成型机(图 3-2-4)模具中加入薄薄一层分子筛(约 0.5 g)。

(3)先旋松注油孔螺钉 13,顺时针拧紧放油阀 7。

(4)将模具置于工作台 9 的中央。

(5)用丝杠 2 拧紧后,前后摇动手动压把 11,在达到 15 MPa 压力后,保持 1 min。

(6)保压后,逆时针松开放油阀 7,取下模具,将压好的分子筛薄片倒入研钵。

(7)轻压、研磨,破碎分子筛薄片。

(8)过筛回收(回收率要求超过 85%)40～60 目数的分子筛颗粒。

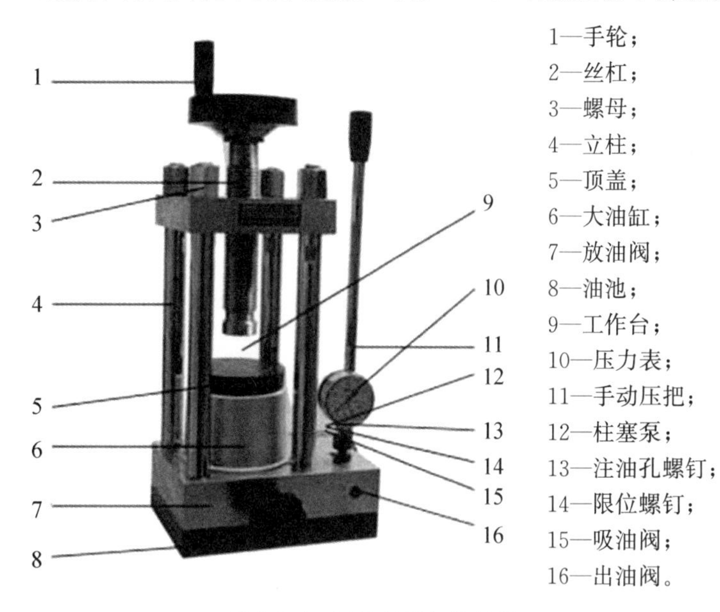

图 3-2-4　压片成型机结构图

3.2.5.3　分子筛催化剂挤条成型实验

(1)开机前给齿轮箱的 5 个油杯加油(连续开机需每隔 3 h 加一次油;断续开机,半天加一次即可)。

(2)配料:称取 15 g 分子筛、3.75 g 高黏拟薄水铝石、0.94 g 田箐粉、2.96 g HNO_3、9.85 g H_2O 加入烧杯中。

(3)药勺连续搅拌,当一半是粉末、一半是块体时,手动捏合至一定硬度的粉团。

(4)打开挤条成型机,按"正转"按钮,接通调速器电源,顺时针慢慢旋转调速按钮,让螺杆在预定状态下工作,空运行片刻如无异常即可下料。

(5)粉团从加料斗加入(加料时切勿用手压物料,以免发生危险)。

(6)成条后按要求长度截断颗粒。

(7)停机:将调速旋钮逆时针旋至零,按"停止"按钮,关闭总电源。

(8)清洗:逐一拆下各部件的螺钉,依次卸下前压板、模板、加料斗以及挤出筒,放入清水中清洗完毕、抹干后原样安装。

(9)成型后的催化剂放入鼓风干燥箱中,120 ℃干燥 1 h。

(10)干燥后放入坩埚,在马弗炉中 550 ℃煅烧(升温速率为 10 ℃/min,550 ℃停留 1 h)。

(11)称重,计算成型率。

3.2.6 实验报告

(1)实验原理。

(2)实验流程及实验药品。

注明设备编号,列出药品名称、规格。

(3)实验记录。

记录实验过程、现象。

(4)压片与挤条成型过程对比讨论。

(5)实验思考。

①分子筛的离子交换性能;

②分子筛的酸催化性能;

③Brönsted 酸与 Lewis 酸;

④分子筛与分子筛催化剂的区别,Na 型分子筛与 H 型分子筛的区别;

⑤固体催化剂的成型方法及其基本原理;

⑥催化剂成型的必要性。

(6)改进实验建议。

(7)参考文献。

3.2.7 实验注意事项

(1)本实验涉及无机酸(盐酸、硝酸)的使用(表 3-2-2),故称量与转移过程须小心,防止飞溅,实验过程中务必佩戴手套。

(2)实验过程中应开启通风设备。

(3)离子交换实验使用电加热设备(平板加热器、鼓风干燥箱、马弗炉),加热设备内温度高于 100 ℃,若操作不当或设备故障,则有可能造成电加热设备烧毁或引发火灾。

(4)实验试剂、药品不得随意丢弃,实验过程中产生的废液、废物放入指定容器,需要回收的药品应放入指定回收瓶。

(5)实验结束后应仔细洗手,防止化学药品中毒。值日生应仔细检查水、电、气、门/窗等是否关闭。

表 3-2-2　实验中所使用的强酸试剂

名称	形态	沸点/℃	饱和蒸气压/kPa(20 ℃)	危险性
盐酸	无色液体	108.6	30.66	强酸,有挥发性,刺激性气味,有腐蚀性
硝酸	无色液体	83.0	6.40	强酸,有挥发性,刺激性气味,有腐蚀性

3.3　分子筛催化剂酸活性测定实验

3.3.1　实验名称

分子筛催化剂酸活性测定实验。

3.3.2　实验目的

(1)了解分子筛催化剂酸性的来源。

(2)理解程序升温脱附技术的基本原理与检测目的。

(3)理解并掌握程序升温脱附技术测定分子筛催化剂酸性的基本原理。

(4)熟悉 NH_3-TPD 测试的操作过程。

(5)掌握 NH_3-TPD 测试曲线的分析方法。

3.3.3　实验原理

分子筛的酸性主要来源于骨架上和孔隙上三配位的铝原子和铝离子,经离子交换后得到的分子筛显 Brönsted(B)酸位中心;经高温处理后,分子筛会发生部分脱水,暴露出部分骨架铝,产生的骨架外的铝离子会强化酸位,形成 Lewis(L)酸位中心。离子交换是改变分子筛酸性的常用方法之一。

从酸性强弱方面来看,经离子交换质子化的分子筛可能为强酸、中强酸和弱酸,作为催化剂使用前,不但要明确分子筛催化剂的酸性强弱,还需要明确其酸位酸量的分布。程序升温脱附法测定催化剂的酸活性是根据酸活性催化剂表面对碱性吸附物的活化能不同其脱附温度也不同的基本原理,用程序升温脱附法测定固体催化剂的表面酸活性

及分布。（图 3-3-1）

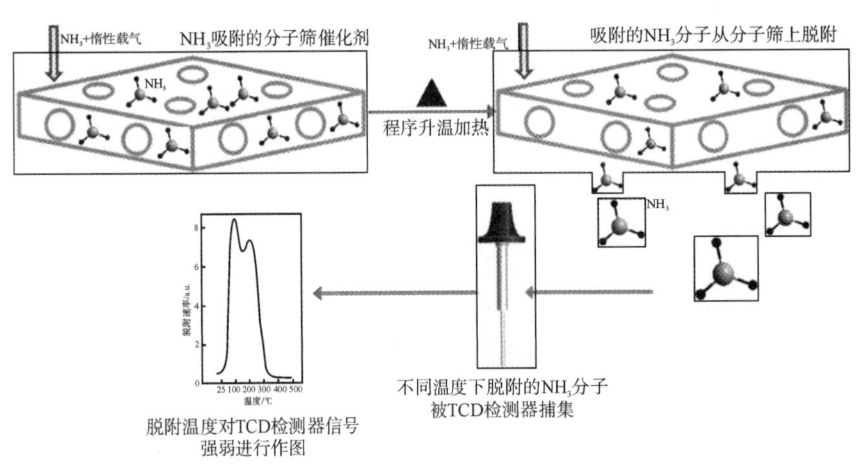

图 3-3-1　NH_3-TPD 技术测定分子筛催化剂酸活性的原理示意图

将吸附了 NH_3 的样品置于惰性气流中，然后按规定的升温速率加热样品。在一定温度下，热能将克服活化能，使吸附物与吸附中心之间的键断裂，与酸中心结合的 NH_3 就会脱附出来。若有不同强度的活性中心存在，则吸附质通常会在不同的温度下脱附。在流出的气流中，将脱附气体的浓度作为样品温度的函数来监测，从而得到由一个或几个峰组成的脱附谱。这种浓度-温度图被称为 NH_3-TPD 曲线。

NH_3-TPD 曲线中每一个 TPD 峰最大值所对应的温度称为峰温（TM）。NH_3 脱附峰 TM 表征了催化剂的酸强度，NH_3 脱附峰对应的峰温越高，表示催化剂的酸强度越大；该峰温下的脱附峰面积表示该酸强度的酸量，峰面积越大，相应酸量越多。因此，通过 NH_3-TPD 技术不仅可以定性评价固体酸催化剂（如分子筛）的酸活性强弱与分布，还可以定量检测强弱酸的酸量，是一种重要的固体酸催化剂性质评价方法。

3.3.4　实验装置及试剂

（1）催化剂酸活性测定仪 1 套，如图 3-3-2、图 3-3-3 所示。

图 3-3-2　催化剂酸活性测定仪

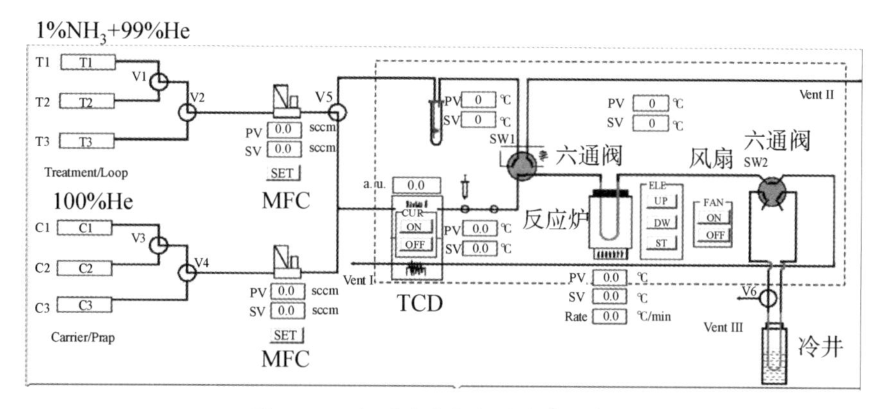

图 3-3-3 仪器结构与气路分布示意图

3.3.5 实验操作

(1)打开电脑和仪器,仪器预热 30 min。

(2)检测进气口、排气口、管路、减压器及钢瓶的连接是否正常。

(3)打开钢瓶总阀,调整减压器阀门,使气体出口压力调整在 0.1 MPa。

(4)用肥皂泡检漏。

(5)称取 50 mg 样品(依次分别测定 Na 型分子筛粉体、离子交换后的 H 型分子筛粉体和经离子交换及成型的 H 型分子筛颗粒)。

(6)在 U 型石英管反应器锥面处一头塞上石英棉,另一头缓慢加入分子筛样品,再塞入石英棉。

(7)将 U 型石英管反应器用螺母和 O 型圈固定在卡套上拧紧。

(8)打开测试软件,选择实验模型,点击“开始实验”按钮。

(9)等待实验结束,拷贝数据并处理。

(10)取下 U 型石英管反应器,取出石英棉,倒出并回收分子筛样品。

(11)清洗 U 型石英管反应器,放入鼓风干燥箱干燥处理;依次关闭实验气路、软件、电脑及测试仪器。

3.3.6 实验报告

(1)实验原理。

(2)实验装置及实验药品。

(3)实验记录。

实验样品测试数据表。

(4)Na 型分子筛与 H 型分子筛样品数据对比讨论。

(5)H型分子筛粉体样品与成型后的颗粒样品数据对比讨论。

(6)实验思考。

①分子筛的酸性来源、酸位种类及特征；

②分子筛的酸催化原理；

③其他程序升温技术(程序升温还原、程序升温氧化等)。

(7)改进实验建议。

(8)参考文献。

3.3.7　实验注意事项

(1)本实验涉及气体钢瓶的使用，减压阀操作与气路检漏须按标准流程进行。

(2)实验过程中应开启通风设备。

(3)仪器使用电加热设备，温度高于100 ℃，若操作不当或设备故障，则有可能造成电加热设备烧毁或引发火灾。

(4)实验试剂、药品不得随意丢弃，实验过程中产生的废液、废物放入指定容器，需要回收的药品应放入指定回收瓶。

(5)实验结束后应仔细洗手，防止化学药品中毒。值日生应仔细检查水、电、气、门/窗等是否关闭。

3.4　渗透汽化脱醇膜制备及性能评价实验

3.4.1　实验名称

渗透汽化脱醇膜制备及性能评价实验。

3.4.2　实验目的

(1)了解渗透汽化膜分离技术的基本原理及应用现状。

(2)掌握渗透汽化膜的制备方法。

(3)掌握渗透汽化膜的性能评价方法。

3.4.3　实验原理

渗透汽化(pervaporation，PV)是20世纪60年代发展起来的膜分离技术。该技术利用膜材料对不同组分的溶解度不同及不同组分在膜内扩散速率的差异分离液体混合物。溶解-扩散模型被用来描述渗透汽化过程的传质机理(图 3-4-1)。渗透汽化过程中料液通过膜的传递可分为以下 3 步：

(1)料液组分在膜表面选择性溶解。

(2)组分在膜内扩散,在蒸气压差的推动下通过膜。

(3)组分在膜的下游侧解吸。

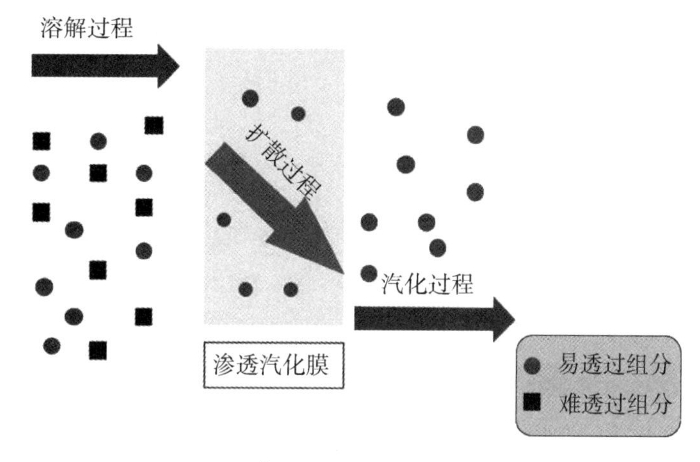

图 3-4-1　渗透汽化溶解-扩散机理示意图

渗透汽化分离技术因其过程的特殊性,相较其他过程有很多优点：

(1)过程中不发生化学变化,能量消耗较少,系统运行稳定,节省投资。

(2)工艺简单,操作条件温和,分离效率高,处理能力大,易与其他过程耦合使用。

(3)分离过程中不加入第三方试剂,不会造成料液污染。

(4)适用一些特殊体系的分离,如近沸、共沸混合物体系等。

目前,渗透汽化分离技术主要用于有机溶剂脱水、水中微量有机物脱除以及有机/有机体系的分离。

3.4.4　实验装置及试剂

(1)渗透汽化实验装置 1 套,如图 3-4-2 所示。

(2)气相色谱仪 1 套。

(3)所用试剂正庚烷和乙醇均为分析纯。

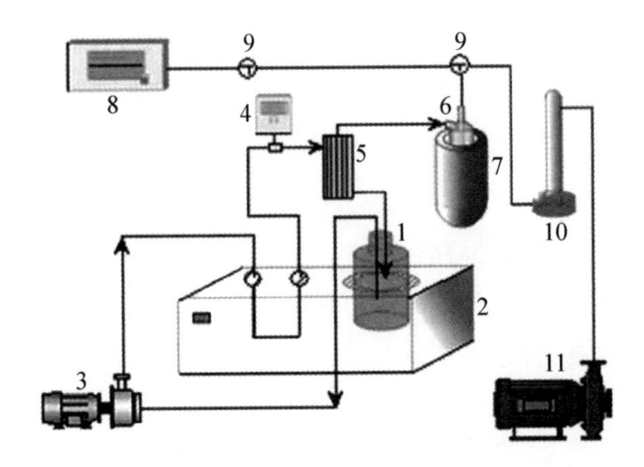

1—料液罐；
2—恒温水浴槽；
3—循环泵；
4—温度计；
5—膜组件；
6—透过液收集管；
7—冷阱；
8—真空计；
9—三通阀；
10—干燥器；
11—真空泵。

图 3-4-2 渗透汽化实验装置及流程图

3.4.5 实验操作

(1)复合膜的制备:将聚偏氟乙烯(Polyvinylidene fluoride，PVDF)底膜固定到刮膜机上,倒入配制好的硅橡胶铸膜液刮膜,将刮好的复合膜放入通风橱中,室温交联一段时间,然后放入烘箱进一步高温交联。

(2)实验时,将膜片平坦放置于膜池中。

(3)打开装置加热料液至一定温度,并通过循环泵输送料液至膜池上游侧,料液在膜的上游侧溶解进入膜内,膜的下游侧通过真空泵保持压力在 200 Pa 左右。在压力差的作用下,料液在膜内扩散通过膜,在膜下游侧通过冷阱收集透过的料液。

(4)使用气相色谱仪分析透过侧组分的含量。

3.4.6 实验报告

(1)实验原理。

(2)实验装置及实验药品。

注明设备编号,列出药品名称、规格。

(3)实验记录。

复合膜制备过程中加入的硅橡胶、交联剂、催化剂、溶剂及交联时间,测试温度下膜透过侧组分的质量和浓度。

(4)实验数据处理。

①建立待分离乙醇/水体系的色谱标准曲线；

②计算渗透通量和分离系数。

(5)改进实验建议。

3.4.7　实验注意事项

(1)本实验膜制备过程中使用的正庚烷为溶剂，实验过程中应开启通风设备。

(2)本装置料液罐加热使用电加热设备，加热温度为 40～70 ℃，若操作不当或设备故障，则有可能造成电加热设备烧毁或引发火灾。

(3)样品收集管处于负压状态，取样时应先关掉真空泵，缓慢打开连通阀，使样品收集管内的压力与大气压相同后再取下样品管。

(4)实验过程中，膜透过侧采用液氮冷凝，应佩戴手套防止液氮冻伤。

3.5　分子筛催化剂制备及催化聚甲氧基二甲醚合成实验

3.5.1　实验名称

分子筛催化剂制备及催化聚甲氧基二甲醚合成实验。

3.5.2　实验目的

(1)掌握分子筛催化剂 MCM-22 的制备方法。

(2)了解分子筛催化剂的表征和评价方法。

(3)了解聚甲氧基二甲醚的合成原理。

(4)掌握聚甲氧基二甲醚的合成方法。

(5)掌握聚甲氧基二甲醚合成产物的分析方法。

3.5.3　实验原理

3.5.3.1　MCM-22 分子筛的催化作用

常用的人工合成分子筛主要有 A 型(Na、K、Ba 型)、Y 型(Na、Ca、NH_4 型)、L 型(K、NH_4 型)、Ω 型(Na、H 型)、“Zeolon”大孔丝光沸石(Na、H 型)、ZSM-5 型、F 型(K 型)与 W 型(K 型)等，天然沸石如丝光沸石、菱沸石、毛沸石与斜发沸石等，这些分子筛已广泛应用于吸附与分离、催化、离子交换这 3 个重要的工业领域。

分子筛具有可调控的孔腔分布、极高的内表面积、良好的热稳定性、可调变的酸位中心，在各种不同的酸性催化反应中能够提供很高的活性和良好的选择性，属于固体酸类催化剂。MCM-22分子筛由于具有独特的晶体结构、易于调控的孔径和较大的比表面积以及优良的水热稳定性能和酸性性能，因此常作为吸附剂用于工业与环境上的分离与净化，作为催化材料用于芳构化、催化裂化、烷基化等反应，且都具有优异的性能。近年来，MCM-22分子筛的研究与开发逐步受到国内外相关产业部门和科研机构的广泛关注。

3.5.3.2 聚甲氧基二甲醚的合成原理

聚甲氧基二甲醚（$PODE_n$）是低分子量缩醛类聚合物，是适宜的柴油添加剂，通式为 $CH_3O(CH_2O)_nCH_3$（n 为整数），聚合物主链是亚甲氧基，封端基为甲基。

聚甲氧基二甲醚合成的总反应方程式：

$$2CH_3OH+HO(CH_2O)_nH = CH_3O(CH_2O)_nCH_3+2H_2O$$

首先，多聚甲醛分解成单体甲醛：

$$HO—(CH_2O)_3—H \longrightarrow 3HCHO+H_2O$$

甲醇与甲醛生成DMM：

$$2CH_3OH+CH_2O \rightleftharpoons CH_3OCH_2OCH_3(DMM)+H_2O$$

甲醛插入DMM中生成 $PODE_2$ 反应：

$$CH_3OCH_2OCH_3+CH_2O \rightleftharpoons CH_3OCH_2OCH_2OCH_3(PODE_2)$$

甲醛插入 $PODE_2$ 中生成 $PODE_3$ 反应：

$$CH_3OCH_2OCH_2OCH_3 + CH_2O \rightleftharpoons CH_3OCH_2OCH_2OCH_2OCH_3(PODE_3)$$

…………

生成 $PODE_n$ 反应：

$$CH_3O(CH_2O)_{n-1}CH_3+CH_2O \rightleftharpoons CH_3O(CH_2O)_nCH_3$$

3.5.4 实验装置及试剂

(1)催化剂制备装置1套，如图3-5-1所示。

(2)高压反应釜1套，如图3-5-2所示。

(3)气相色谱仪1套。

(4)XRD设备1套(化工学院平台设备)。

(5)所用试剂氢氧化钠、偏铝酸钠、硅溶胶、环己亚胺、硝酸铵、甲醇和多聚甲醛均为分析纯。

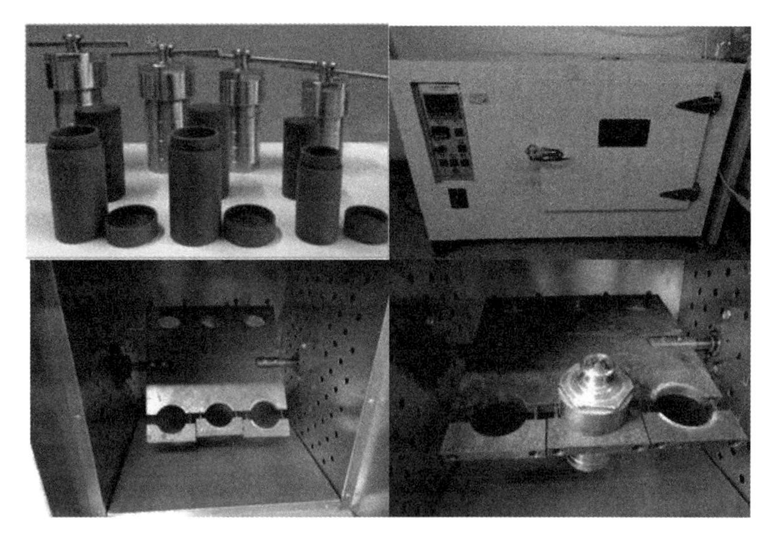

图 3-5-1　催化剂制备装置图

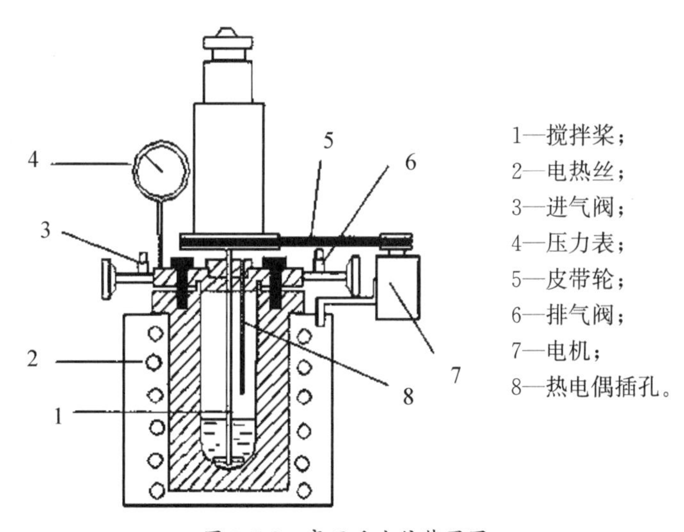

图 3-5-2　高压反应釜装置图

3.5.5　实验操作

3.5.5.1　催化剂的制备步骤

(1)按照 $n(SiO_2)$: $n(Al_2O_3)$: $n(NaOH)$: $n(H_2O)$: $n(HMI)$ = 1 : 0.02 : 0.3 : 40 : 0.5(mol)的物料比例，室温下依次将氢氧化钠和偏铝酸钠溶于去离子水中，待全部溶解后，在剧烈搅拌条件下依次滴加硅溶胶和环己亚胺，继续搅拌老化 0.5 h，得到凝胶。

(2)将凝胶转移至 100 mL 的水热合成罐中，固定在烘箱夹套上，在

150 ℃、90 r/min 下晶化 7 d。

(3)晶化结束后,关闭搅拌,将水热合成罐置于冰水浴中骤冷至室温,将晶化后的产物多次洗涤并回收,100 ℃干燥过夜,540 ℃焙烧 4 h,得到 NaMCM-22 分子筛。

(4)按照 m(HMCM-22) : V(NH_4NO_3)=1 g : 15 mL 的比例,将 NaMCM-22 分子筛的 NH_4NO_3 溶液(1 mol/L)在 85 ℃下交换 3 次,去离子水洗涤回收,100 ℃干燥过夜,520 ℃焙烧 4 h,得到的样品记为 HMCM-22 分子筛。

3.5.5.2 聚甲氧基二甲醚的合成步骤

(1)称取一定剂量比例的甲醇、多聚甲醛以及催化剂置于反应釜中。

(2)盖上釜盖,按照对称原则拧紧螺母,注意上紧即可,以防太过用力损坏密封面。

(3)打开进气阀,充氮气至 1.0 MPa;关闭进气阀,静置 15 min 后观察压力表示数是否变化。若示数不变,则说明高压釜密封性良好,否则重新拧紧螺母并再次检验气密性。

(4)打开进气阀,充氮气至 1.0 MPa,关闭进气阀并打开出气阀,迅速排气。重复 3 次置换掉釜内的空气。

(5)打开加热和机械搅拌,升温至预设温度后开始计时,反应一段时间后关闭加热并打开冷凝水降温。

(6)降至室温后,关闭冷凝水和搅拌。打开排气阀,泄压之后再拆反应釜。

(7)将反应釜内的产物进行分离,取清液留样进行检测。

3.5.5.3 实验原始数据记录

自己设计实验原始数据记录表,要求分别记录以下实验数据:

(1)分子筛原料配料数据的记录。

(2)分子筛制备不同时间工艺条件的记录。

(3)聚甲氧基二甲醚合成原料配料数据的记录。

(4)聚甲氧基二甲醚合成不同时间工艺条件的记录。

(5)聚甲氧基二甲醚合成产物气相色谱分析数据的记录。

3.5.6 实验报告

(1)实验目的。

(2)实验原理。

(3)实验装置及实验药品。

注明设备编号,列出药品名称、规格。

(4)实验原始数据记录。

①分子筛原料配比表;

②分子筛制备条件记录表;

③聚甲氧基二甲醚合成原料配比表;

④聚甲氧基二甲醚合成条件记录表;

⑤聚甲氧基二甲醚合成产物气相色谱分析记录表。

(5)实验数据处理。

①分子筛 XRD 表征结果图;

②聚甲氧基二甲醚合成转化率及选择性计算。

(6)实验讨论及建议。

①分子筛制备中物料配比的作用;

②分子筛制备中温度是如何选择的,温度控制的作用;

③分子筛制备中时间的作用;

④聚甲氧基二甲醚合成中原料选择的目的和作用;

⑤聚甲氧基二甲醚合成中温度是如何选择的,温度是如何控制的;

⑥聚甲氧基二甲醚的合成效果如何衡量;

⑦对实验的建议。

3.5.7　实验注意事项

(1)本实验的主要原料为甲醇、多聚甲醛,均为易燃易爆化学品,故实验过程中应开启通风设备。

(2)分子筛合成装置水热合成罐内为高温自生压环境,需要拧紧水热合成罐的盖子。水热合成罐升温使用烘箱设备电加热,水热合成罐内的温度达到 120 ℃,若操作不当或设备故障,则有可能造成电加热设备烧毁或引发火灾。实验过程中应观察烘箱内的温度。

(3)聚甲氧基二甲醚合成采用的高压釜设备为高温自生压环境,釜内加热采用电加热,故反应过程中应观察温度压力搅拌指示,反应停止冷却降温后卸釜。应在反应釜开始加热前开通轴冷却水系统,反应停止后关闭冷却水。设备运行期间勿以手等接触反应釜盖等高温部分。

3.6　光催化剂制备及分解水产氢性能测定实验

3.6.1　实验名称

光催化剂制备及分解水产氢性能测定实验。

3.6.2　实验目的

(1)了解光催化反应的基本原理及其在能源与环境领域的应用现状。

(2)掌握光催化剂的制备和表征方法、改性原理、反应活性位理论。

(3)掌握光催化分解水产氢的过程及评价方法。

(4)了解六通阀的工作原理,学会使用气相色谱分析气体含量的方法。

3.6.3　实验原理

氢能是世界上最干净的能源。氢气可以由水制取,而水分解成氢和氧在热力学上不可行,需要额外能量驱动。1972 年,Fujishima 等发现 TiO_2 单晶(阳极)和金属铂(阴极)组成的电池受氙灯照射可持续发生水的氧化还原反应,生成 O_2 和 H_2。

$$H_2O+2h\upsilon_{(TiO_2,\mathrm{eletrode})}\longrightarrow\frac{1}{2}O_{2(TiO_2,\mathrm{eletrode})}+H_{2(Pt,\mathrm{eletrode})}$$

该发现表明,通过半导体可以将光能转化为化学能,而利用太阳能光解水制氢则是一种非常环保且可持续的制氢方式。

光催化剂通常为半导体。与金属相比,半导体的能带是不连续的,由一个充满电子的低能价带(Valence band, VB)和一个空的高能导带(Conduction band, CB)构成,两者之间为禁带,其大小称为禁带宽度 E_g。光催化反应一般包括以下 3 个过程:

(1)载流子的产生。当能量大于或等于 E_g 的光照射半导体时,价带电子被激发跃迁至导带,形成电子(e^-)-空穴(h^+)对,亦称光生载流子。

(2)载流子的迁移。两者可迁移至半导体表面(图 3-6-1 过程①和②),电子和空穴亦可以发生表面和体内复合(图 3-6-1 过程③和④),产生热量或光辐射,与上述反应形成竞争。

(3)表面化学反应。e^- 可还原吸附在半导体表面的电子受体，发生还原反应($A+e^- \rightarrow A^-$)，h^+ 可氧化吸附在半导体表面的电子供体，发生氧化反应($D+h^+ \rightarrow D^+$)。能否反应取决于导带和价带以及被吸附物种的氧化还原电势。

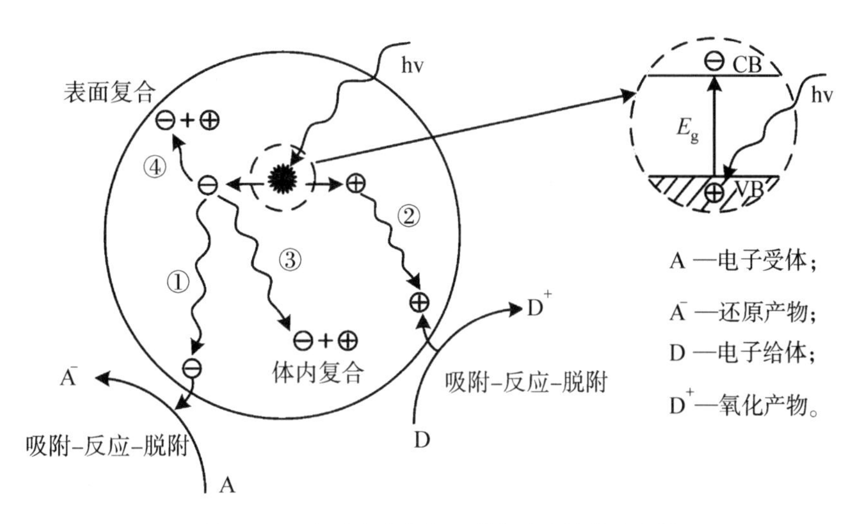

图 3-6-1 光激发半导体光催化反应过程示意图

常见的半导体光催化剂为金属氧化物(TiO_2、ZnO、WO_3 等)、金属硫化物(CdS、ZnS、Bi_2S_3 等)，以及其他含金属元素光催化剂。本实验采用简易的煅烧法制备非金属石墨相氮化碳(g-C_3N_4)，它具有适当的能带结构、化学稳定性和热稳定性高、无毒、廉价等优点，广泛应用于光催化分解水制氢、光催化污染物降解、光催化杀菌和 CO_2 还原等领域。

要实现分解水，必须满足以下基本条件：

(1)半导体的禁带宽度 E_g 必须大于水的分解电压理论值 1.23 eV。

(2)半导体的导带电位比氢的标准电极电势(H^+/H_2，0 V vs NHE)更负，价带电位比氧的标准电极电势(O_2/H_2O，1.23 V vs NHE)更正。

(3)光提供的量子能量应大于半导体的禁带宽度。

在满足以上条件的情况下，半导体的光生电子便能将水中的 H^+ 还原为 H_2。

3.6.4 实验装置及试剂

(1)光催化分解水制氢装置 1 套。

(2)XRD 设备 1 套(化工学院平台设备)。

(3)紫外分光仪 1 台(化工学院平台设备)。

（4）所用试剂尿素、三乙醇胺和六氯铂酸均为分析纯。

3.6.5　实验操作

3.6.5.1　催化剂石墨相氮化碳 g-C_3N_4 的制备（图 3-6-2）和表征

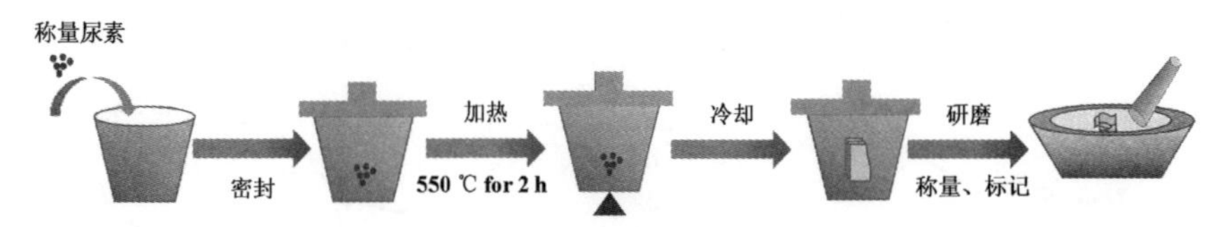

图 3-6-2　催化剂 g-C_3N_4 制备示意图

（1）称取一定量的尿素（10 g、15 g、20 g）放入 3 个带盖子的坩埚中，并在其外侧包覆上一层锡箔纸。

（2）把坩埚放入马弗炉中，以 5 ℃/min 的升温速率升温到 550℃，保温 2 h。

（3）待马弗炉冷却到室温，取出冷却后的坩埚，称量所得到的 g-C_3N_4 的质量，计算其收率。

（4）制得的催化剂送样至化工学院测试中心，进行 XRD 表征和紫外表征。

3.6.5.2　光催化分解水制氢实验过程

本实验的光催化分解水制氢系统示意图如图 3-6-3 所示。

（1）样品准备。称取 20～30 mg 待测样品于 5 mL 离心管中，并加入

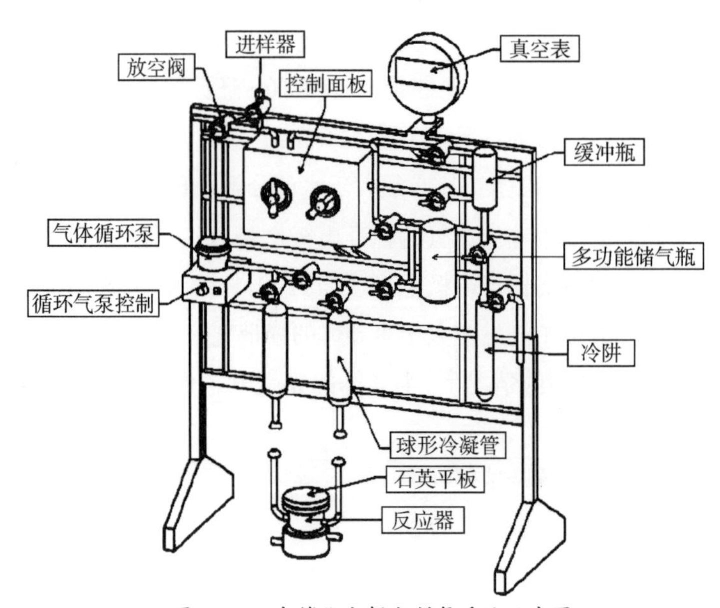

图 3-6-3　光催化分解水制氢系统示意图

3 mL 去离子水，超声分散 10 min。

（2）反应液配制。不加 Pt 反应液 A 配制：量取 20 mL 三乙醇胺（TEOA），用 80 mL 去离子水配制成 20vol% TEOA 牺牲剂溶液。

加 Pt 反应液 B 配制：量取 20 mL 三乙醇胺（TEOA），一定量的 H_2PtCl_6 水溶液（1 g $H_2PtCl_6 \cdot 6H_2O$ 溶解在 500 mL H_2O 中），然后添加去离子水至 100 mL，搅拌后配制成反应液 B。

（3）分解水制氢。使用在线分析系统进行光催化制氢实验。打开冷水机（开关→循环→制冷），打开循环气泵；打开真空泵；打开载气，检查色谱压力是否正常，然后开启色谱电源。

（4）设置色谱测试条件：进样 100 ℃，柱箱 80 ℃，TCD 120 ℃，色谱开始升温，待 TCD 检测器升温到 120 ℃，加上电流，电流为 40 mA。

（5）首先关闭放空阀门，然后安装反应器（盛放催化剂、反应液、磁子）；打开磁力搅拌器；缓慢打开抽真空阀门，待真空表达到－95 MPa，关闭抽真空阀门，将每一个阀门沿一个方向旋转 3～5 圈；观察压力表读数是否保持不变；此时两个六通阀分别为 AD 状态。

（6）启动光源，记录光照开始时间。

（7）光照 30～60 min 后进第一个样时，两个六通阀打到 BC 状态（A→B，D→C）；5 min 基线平稳后，打到 AC 状态进样（B→A），启动色谱开始按钮，开始采集信号（共经历了 AD→BD→BC→AC 四种状态）；谱图采集完毕，色谱仪采集停止，打到 AD 状态（C→D）。

（8）光照 30～60 min 后测第二个进样点时，重复以上操作即可。

（9）测试完成后，关闭光源，关闭循环气泵，关闭冷水机（制冷→循环→开关）；打开放空阀，放掉真空，卸掉反应器并清洗；开始设置色谱降温，进样 40 ℃，柱箱 40 ℃，TCD 70 ℃，色谱电流变为 0 mA。

（10）当色谱温度降至 70 ℃以下后，关闭色谱，关闭载气，检查实验室水电等是否正常关闭。均关闭后可离开。

3.6.6　实验报告

（1）实验原理。

（2）实验装置及实验药品。

注明设备编号，列出药品名称、规格。

（3）实验数据记录表及实验数据处理表（表 3-6-1、表 3-6-2）。

①g-C_3N_4 制备过程记录表。

表 3-6-1　$g\text{-}C_3N_4$ 制备过程记录表

坩埚序号	尿素质量/g	退火后样品质量/g	加热温度/℃	保温时间/h	收率/%

②样品产氢速率处理表。

表 3-6-2　样品产氢速率处理表

样品名称	质量/g	光照时间/h	$S_{色谱峰面积}$/(mAu·s)	H_2 产量/μmol	产氢速率/(μmol·g^{-1}·h^{-1})	平均产氢速率/(μmol·g^{-1}·h^{-1})
纯 $g\text{-}C_3N_4$						
$Pt/g\text{-}C_3N_4$						

注：H_2 产量＝0.008 7×色谱峰面积×3÷22.4，单位 μmol；
产氢速率＝氢气产量÷样品质量÷光照时间；
平均产氢速率＝(取样点 1 产氢速率＋取样点 2 产氢速率＋取样点 3 产氢速率)÷3。

(4)实验结果讨论。

①光催化反应的实质是什么？

②为什么选择 $g\text{-}C_3N_4$ 光催化剂，而不选择 TiO_2 光催化剂？

③为什么要在 $g\text{-}C_3N_4$ 的表面沉积金属 Pt 纳米颗粒？

④为什么要在反应液中添加三乙醇胺(TEOA)？分析其作用。

⑤六通阀在线分析的原理是什么？画图说明。

(5)参考文献。

3.6.7　实验注意事项

(1)在使用马弗炉之前认真阅读操作规范，严禁加热液体物质。

(2)制氢反应抽真空时，时刻注意水的沸腾状态，以免大量水泡进入循环系统。

(3)应在实验开始前检查制氢系统所有阀门位置，熟悉气路，避免盲目操作。

(4)制氢系统各种阀门在无法拧动时，不要使用强力，要及时告诉指导教师。

(5)载气钢瓶的使用要规范，实验结束关闭气相色谱后，一定要关闭减压阀。

实验报告

正己烷-正庚烷二元气液平衡数据测定实验实验报告

报告日期：

年级专业/学号/姓名：

多釜串联混合性能测定实验实验报告

报告日期：

年级专业/学号/姓名：

乙苯脱氢制苯乙烯实验实验报告

报告日期：

年级专业/学号/姓名：

乙醇脱水流化床实验实验报告

报告日期：

年级专业/学号/姓名：

乙醇溶液恒沸精馏制备无水乙醇实验实验报告

报告日期：

年级专业/学号/姓名：

冷却塔性能测定实验实验报告

报告日期：

年级专业/学号/姓名：

比表面积及孔径分布测定实验实验报告

报告日期：

年级专业/学号/姓名：

免洗洗手液制备实验实验报告

报告日期：

年级专业/学号/姓名：

122 化工专业实验指导

VOCs 催化氧化性能测定实验实验报告

报告日期：

年级专业/学号/姓名：

分子筛催化剂活化与成型实验实验报告

报告日期：

年级专业/学号/姓名：

分子筛催化剂酸活性测定实验实验报告

报告日期：

年级专业/学号/姓名：

渗透汽化脱醇膜制备及性能评价实验实验报告

报告日期：

年级专业/学号/姓名：

148　化工专业实验指导

分子筛催化剂制备及催化聚甲氧基二甲醚合成实验实验报告

报告日期：

年级专业/学号/姓名：

光催化剂制备及分解水产氢性能测定实验实验报告

报告日期：

年级专业/学号/姓名：